MÉTHODE

CERTAINE ET SIMPLIFIÉE

POUR SOIGNER

LES ABEILLES

LES CONSERVER

ET EN TIRER UN BÉNÉFICE ASSURÉ

Par M. Féburier

MEMBRE DES SOCIÉTÉS D'AGRICULTURE DE SEINE-ET-OISE,
D'HORTICULTURE DE LONDRES, DE PARIS, ETC.

AVEC FIGURES.

NOUVELLE ÉDITION.

PARIS,

AUDOT, ÉDITEUR,

RUE LARREY, 8, ÉCOLE DE MÉDECINE.

1854

MÉTHODE

POUR SOIGNER

LES ABEILLES.

PARIS. — TYPOGRAPHIE DE PLON FRÈRES,
IMPRIMEURS DE L'EMPEREUR,
RUE GARANCIÈRE, 8.

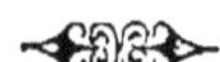

MÉTHODE

CERTAINE ET SIMPLIFIÉE

POUR SOIGNER

LES ABEILLES

LES CONSERVER

ET EN TIRER UN BÉNÉFICE ASSURÉ

Par M. Féburier

MEMBRE DES SOCIÉTÉS D'AGRICULTURE DE SEINE-ET-OISE,
D'HORTICULTURE DE LONDRES, DE PARIS, ETC.

AVEC FIGURES.

NOUVELLE ÉDITION.

PARIS,

AUDOT, ÉDITEUR,
RUE LARREY, 8, ÉCOLE DE MÉDECINE.

1854

MÉTHODE

LES ABEILLES.

INSECTES QUI COMPOSENT UNE FAMILLE D'ABEILLES.

Il y a dans une famille d'abeilles nommée *essaim* trois sortes d'insectes :

1° Les *abeilles neutres* ou ouvrières (*fig.* 1), qui font la masse de la population, puisque, dans les temps ordinaires, elles sont au nombre de 25 à 30,000. Ce sont des femelles dont les organes de la génération ne sont pas développés.

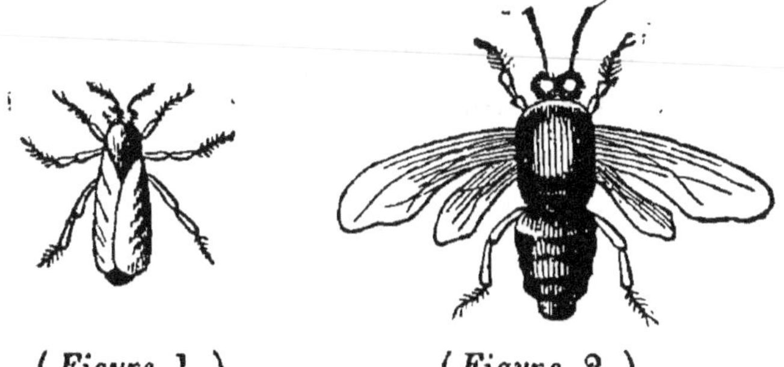

(*Figure 1.*)　　　(*Figure 2.*)

2° Les *abeilles mâles* auxquelles on a donné le nom de *faux bourdons* (*fig.* 2). Elles constituent du 30° au 40° de la population.

3° Une abeille féconde nommée *mère abeille* ou *reine* (*fig.* 3). On n'en voit plusieurs qu'à l'époque où une partie de la famille s'en sépare pour s'établir ailleurs et former de nouveaux

(*Figure* 3.)

essaims. Comme toutes les abeilles ouvrières dites aussi *mouches à miel* et les mâles proviennent des œufs pondus par la reine, l'essaim est une véritable famille.

L'abeille a les yeux disposés de manière à voir le jour et la nuit. Elle fait sa récolte en plein jour, et elle construit les rayons comme elle soigne et nourrit les larves dans l'obscurité. Le sens du toucher est principalement placé dans ses antennes, au point que, lorsqu'on les coupe, les abeilles ne reconnaissent pas bien les objets et qu'elles se dirigent mal.

Le sens de l'ouïe est assez délicat pour que le bruit de leurs ailes et le chant de la reine servent à plusieurs de leurs mouvements, et soient au besoin un signe de rappel ou de travaux. Aussi les abeilles n'aiment pas le bruit, et elles se retirent, lorsqu'elles sont libres de choisir, dans des lieux solitaires.

Elles ont l'odorat tellement fin qu'elles se rendent à une lieue pour butiner sur les fleurs qui les attirent par leur parfum, le nectar, le pollen, etc., dont elles ont besoin. Elles sont sensibles au froid et elles ne sortent que lorsque la température est douce ou chaude; enfin, elles reconnaissent ceux qui les soignent, et elles finissent par s'y attacher. Quant à leur amour et à leur dévouement pour leur reine, dès qu'elle a été fécondée, ils sont tels, qu'elles s'exposent courageusement à la mort pour la défendre.

Travaux des Abeilles.

Aussitôt qu'un essaim d'abeilles a choisi pour sa résidence un trou d'arbre ou un creux de rocher, il s'entasse dans la partie supérieure, où il se suspend en formant soit un ovale, soit une grappe de raisin. Les premières abeilles s'attachent avec les crochets de leurs pattes contre le corps qui leur sert d'appui, et les autres se suspendent aux premières. Ensuite elles forment comme des rideaux qui semblent diviser l'espace où elles vont commencer la construction de leurs rayons ou gâteaux. Pendant ce temps, quelques ouvrières parcourent l'habitation, et on en voit bientôt sortir un grand nombre qui vont butiner dans les champs, où les unes ramassent la *propolis*, qu'elles recueillent plus particulièrement, dans nos climats, sur la famille des chicoracées, principalement sur les pissenlits, comme sur les bouleaux et sur les arbres résineux. Elles la mettent sur les palettes de leurs pattes de derrière, et quelquefois elles se roulent dessus. Les autres se gorgent du *nectar* des fleurs, et plus tard de la *miellée* des feuilles. D'autres ramassent du *pollen*, qu'elles disposent en pelote sur leurs palettes *.

Tandis qu'elles s'occupent de ces approvisionnements, quelques abeilles nettoient l'habitation et jettent dehors tout ce qui peut leur être nuisible. Dès qu'elles ont de la propolis, elles s'en servent pour boucher les trous et les fentes

---

* La *propolis* est une espèce de mastic composé de trois autres substances, savoir : le *comosin*, fort amer et fort tenace, dont les abeilles font leur première couche ; le *pissokeros*, mélange de cire et de poix ; la *propolis*, proprement dite, matière résineuse d'un brun noirâtre ou rougeâtre, suivant qu'elle est ancienne ou nouvelle.

Le *nectar* est une substance qu'elles trouvent dans les nectaires des fleurs.

La *miellée* est une excrétion des végétaux qui couvre les feuilles, dans l'été ou au commencement de l'automne. Le miel qui en résulte est d'une qualité inférieure.

Le *pollen* est une substance contenue dans les anthères des fleurs.

du local, à l'exception du passage destiné à l'entrée et à la sortie. Elles en emploient aussi pour attacher leurs gâteaux, qu'elles commencent par la partie supérieure, et qu'elles prolongent en descendant verticalement. Ainsi leurs travaux de construction se font en sens inverse de ceux de l'homme, quoiqu'elles puissent travailler en sens contraire, comme on l'a vérifié par expérience.

Les ouvrières qui ont apporté du nectar ou de la miellée se suspendent dans la ruche et y restent immobiles pendant que ces substances se changent en miel dans leur premier estomac et en cire dans le second. Elles dégorgent une partie de cette cire et l'autre sort de leur abdomen, entre les écailles, sous la forme de petites plaques, qu'elles emploient sur-le-champ pour la construction de leurs alvéoles en y mêlant la cire dégorgée.

Ces rayons, qui sont parallèles entre eux et distants de 1 centimètre, ont la largeur de l'intérieur de l'habitation, ordinairement dans son sens le plus étroit. Ils sont attachés sur les côtés et ils sont prolongés jusqu'au bas, si la hauteur de l'habitation n'est pas trop considérable.

Pendant ces travaux, on voit souvent les abeilles donner de la nourriture à des ouvrières, ce qu'elles font en dégorgeant le miel de leur

estomac sur leur trompe, qui s'en trouve couverte. Elles se défendent aussi mutuellement, et
leur courage est tel qu'elles ne craignent pas
d'attaquer les animaux les plus grands et les
plus terribles. Elles paraissent s'entendre très-
bien pour leurs travaux. Les sons qu'elles produisent, ainsi que le chant de la reine, sont
variés suivant ce qu'elles désirent ou ce qu'elles
veulent faire. Enfin elles se reconnaissent et
elles distinguent celles qui ne sont pas de la famille ; aussi les chassent-elles et souvent même
elles les tuent lorsque ces étrangères veulent
entrer dans l'habitation.

Les ouvrières travaillent la nuit comme le
jour à la confection des alvéoles ; mais elles ne
sortent que le jour de leurs demeures pour aller
butiner. Elles restent la nuit sédentaires, tant
à cause de la fraîcheur que par l'impossibilité
de trouver du nectar ou de la miellée, ou peut-
être aussi pour défendre leurs magasins et le
couvain, nom donné à la réunion des œufs,
des vers ou larves, et des nymphes ou chrysalides, et pour lequel les ouvrières montrent le
plus grand attachement. Elles ont une garde à
l'entrée de l'habitation pour repousser les ennemis ; si on y donne un coup, on entend soudain
un bourdonnement plus ou moins fort et aigu,
comme plus ou moins prolongé, à raison de

leur nombre, et on voit sortir quelques ouvrières qui courent autour de l'entrée, et dont quelques-unes prennent ensuite leur vol et rôdent à une petite distance de l'habitation. Au printemps, elles sortent depuis l'aurore jusqu'au crépuscule ; mais dans les chaleurs vives de l'été, elles restent ordinairement dans leurs habitations de midi à trois heures, sans doute parce que le soleil ardent a fait évaporer le nectar et la miellée dans cet intervalle.

Lorsque la reine est fécondée avant que les travaux soient commencés, elle pond souvent dans des alvéoles qui ne sont pas encore achevés ; elle les examine pour s'assurer s'ils sont propres, autrement elle n'y pondrait pas et passerait à d'autres, ce qui déterminerait des ouvrières à nettoyer les alvéoles qui seraient sales. Après cette vérification, la reine y enfonce la partie inférieure de son corps, et elle dépose dans le fond un œuf ovale oblong, un peu recourbé, d'un blanc bleuâtre, long d'une ligne, et qui y reste collé au moyen de la matière visqueuse dont il est couvert. Après la ponte des mâles, l'abdomen de la reine étant moins gros et plus court, elle dépose ses œufs contre la paroi intérieure des alvéoles.

Mais si la reine n'est pas fécondée, elle sort de la ruche depuis 11 heures du matin jusqu'à

2 ou 3 heures du soir, suivant la température; elle rencontre des mâles qui sont attirés par son odeur, et que le bruit de leurs ailes fait facilement reconnaître. Si elle n'avait pas rencontré de mâle pour la féconder, elle ne prolongerait son absence que d'un quart d'heure pour sortir de nouveau. Après sa rentrée, elle est constamment sédentaire dans l'habitation jusqu'à l'essaimage. Elle emploie son temps à y maintenir l'ordre, à en diriger les travaux et à y pondre. Le mâle, privé des parties constituantes de son sexe, meurt une heure ou deux après la fécondation *.

Jusqu'à ce moment les abeilles avaient marqué beaucoup d'indifférence pour la reine; mais après la fécondation elles lui donnent les preuves de la plus vive affection.

Quarante-six heures après la fécondation, la reine commence sa ponte si la chaleur est suffisante. Cette ponte dure plus ou moins de temps, et elle est chaque jour plus ou moins considérable, suivant la température, ainsi que la nourriture qu'on donne à la reine. Elle est souvent de plusieurs centaines d'œufs par jour, et elle varie de 40 à 80,000 œufs par an.

---

* Les détails de cette génération et d'autres aussi intéressants qu'indispensables à connaître sont donnés dans le volume intitulé *Histoire naturelle des abeilles*.

Division des familles ou *essaimage.*

La population devient de jour en jour plus considérable, et elle augmente la chaleur de l'habitation. D'une autre part, la nature a inspiré aux reines, qui viennent de se multiplier, une telle aversion les unes pour les autres, qu'elles s'attaquent dès qu'elles s'aperçoivent, et que le combat se termine par la mort de l'une d'elles. Ainsi, lorsque leurs nymphes sont sur le point de subir leur dernière métamorphose, et plus encore lorsqu'elles sont en état de sortir de l'alvéole, ce qu'elles indiquent par leur chant, la reine annonce une grande inquiétude et elle est dans une très-grande agitation.

Les ouvrières, douées de l'instinct de prévoir qu'une partie de la famille sera forcée de s'expatrier, rôdent dans les environs pour trouver un lieu propre à établir une colonie. Cependant la reine, dont l'agitation augmente, surtout à la vue des alvéoles qui contiennent des jeunes mères, tantôt attaque ces alvéoles royaux, tantôt parcourt les rayons avec rapidité, en choquant les ouvrières et les mâles qu'elle rencontre sur son passage et qu'elle met en rumeur. Cette considération et la chaleur de l'habitation qui devient plus forte déterminent les abeilles à se préparer au départ, après 2 ou 3 jours de cette agitation qui va toujours croissant, ce dont on s'aperçoit par l'augmentation du bruit produit par le bourdonnement des abeilles.

Enfin, le 3ᵉ ou 4ᵉ jour, une partie des ouvrières se décide à quitter l'habitation et s'approvisionne de miel pour 2 ou 3 jours, si toutefois le temps est beau, le ciel serein et le vent faible. Comme la chaleur est beaucoup plus grande dans l'intérieur de l'habitation que dans l'air ambiant, on voit beaucoup d'ouvrières voltiger devant la ruche; les mâles sortent de meilleure heure, et quelquefois beaucoup d'abeilles passent la nuit dehors, en formant un groupe au-dessous de l'entrée de leur retraite.

Bientôt le bruit cesse, et toutes les abeilles rentrent. Tout à coup quelques ouvrières se placent à l'entrée, se tournent du côté de l'habitation et y sonnent le départ. A ce signal, des milliers d'abeilles se précipitent en foule, sortent, s'élèvent dans les airs et se répandent au-dessus et autour de l'habitation, pendant que quelques-unes cherchent un lieu qui puisse servir de point de ralliement. Dès que la reine est sortie, on la dirige vers cet endroit, qui est ordinairement une branche d'arbre. L'essaim s'y réunit et forme un groupe en masse arrondie ou allongée; ce groupe est plus volumineux si les rayons du soleil le frappent, et il se resserre si un petit nuage vient à l'en garantir. Quelque temps après on part pour la nouvelle habitation, vers laquelle les ouvrières qui l'ont découverte conduisent l'essaim.

Il peut arriver qu'au moment du départ de forts nuages viennent couvrir l'habitation et intercepter les rayons du soleil, ou bien qu'il s'élève un fort vent. Dans ce cas le départ est retardé. Si la même chose avait lieu lorsque les abeilles ne font que de sortir, ou bien si la reine n'avait pas suivi l'essaim, ce dernier retournerait dans l'ancienne habitation pour repartir lorsque les circonstances seraient plus favorables ; mais si le temps devenait pluvieux ou froid, le départ serait différé et pourrait même devenir impossible.

Les ouvrières ne vivent qu'un an, et bornent l'existence des mâles à 3 ou 4 mois au plus. La reine, qui n'est exposée à quelque danger que lorsqu'elle sort pour se faire féconder ou pour conduire un essaim, vit plus longtemps que les ouvrières et les mâles. On a remarqué la même reine à la tête d'un essaim pendant 3 ans, et il se peut qu'elle en dirige pendant 6 ou 7 ans.

S'il n'y avait pas de mâles ou que la saison fût pendant 21 jours contraire à la sortie des reines, elles resteraient stériles ou ne pondraient que des mâles. Dans ce cas, le nombre des ouvrières diminuant tous les jours, elles finiraient par abandonner l'habitation.

Mais si les ouvrières sont dans l'impossibilité de faire des reines à la mort de la leur, elles prennent le parti d'abandonner de suite leur demeure, à moins qu'une reine étrangère ne s'y présente dans les 24 heures qui suivent la perte qu'elles viennent de faire. Elle est alors très-bien reçue.

DES LIEUX PROPRES A L'ÉTABLISSEMENT DES ABEILLES.

Les cultivateurs et autres qui veulent s'occuper des abeilles et former un rucher, soit par goût, soit par spéculation, doivent d'abord s'assurer si le canton qu'ils habitent peut fournir en abondance à ces insectes précieux du *nectar*, de la *miellée* et du *pollen*, ainsi qu'un peu de *propolis*. La quantité plus ou moins grande de ces substances dans un canton pendant toute la belle saison doit diriger les amateurs dans le nombre comme dans les dimensions de leurs ruches, et les abeilles y prospèrent d'autant plus que ces substances y sont plus abondantes.

Les cantons les plus favorables aux abeilles sont ceux qui contiennent beaucoup de prairies naturelles et artificielles, des arbres à fleurs précoces, d'autres à fleurs tardives et de la bruyère, des jardins bien garnis d'arbres fruitiers et de fleurs. Si ces cantons sont très-voisins de montagnes couvertes de plantes odoriférantes, ils sont placés en première ligne, et on peut y avoir un grand nombre de ruches dans les plus grandes dimensions.

Si le canton ne possède qu'une partie de ces avantages, il ne peut être rangé qu'en seconde ligne, on ne peut pas y avoir autant d'abeilles, et on doit se servir de ruches moyennes.

Enfin, le canton dans lequel la culture du blé est dominante, qui ne possède qu'un petit nombre de prairies naturelles et point de bois, est la position la plus mauvaise pour les abeilles. Le nombre des ruches sur le même point doit y être peu considérable, et il faut qu'elles soient petites.

Les propriétaires de ces cantons les rendront plus propres aux abeilles en y plantant des arbres fruitiers qui fleurissent de bonne heure, en récoltant eux-mêmes les graines de leurs légumes, à l'exception de la famille des aulx, comme l'ail, l'ognon, le poireau, etc., dont les fleurs donnent un mauvais goût, comme une odeur désagréable au miel. Ils garniront les environs des ruchers de plantes aromatiques, telles que les lavandes, marjolaines, romarins, les deux sarriettes, et surtout celle vivace, les thyms, résédas, etc. Ils formeront leurs prairies artificielles, suivant la qualité de la terre, de sainfoin, de trèfles ou de luzernes. Ils intercaleront dans leurs grandes cultures des plantes oléagineuses, comme les colzas, choux-navets, rutabagas, les deux navettes et les fèves, en y ajoutant au besoin un champ de sarrasin dit blé noir. Ils planteront un petit bois dans lequel ils feront dominer les chênes, les mélèzes, les robiniers dits acacias, les gleditzia triacanthos ou féviers, les sophoras, avec quelques arbres verts des genres pin et sapin. Ces végétaux donnent beaucoup de nourriture aux abeilles, qui en font un très-bon miel, à l'exception du sarrasin, dont le miel est commun, mais avec lequel les abeilles font une cire très-estimée.

Les avantages de ces cantons sont plus ou moins modifiés par leur situation et par leur température. Les lieux très-humides sont nuisibles aux abeilles et à la qualité du nectar. Les abeilles y sont moins actives, moins vigilantes, et plus souvent malades ; les fausses teignes y pénètrent dans les ruches avec plus de facilité, et y commettent plus de ravages. Dans les lieux très-secs, au contraire, les abeilles ont plus d'activité, mais le nectar y est moins abondant dans les fleurs et il est plus promptement dissipé par les rayons du soleil.

C'est aux cultivateurs à examiner tous les avantages et les inconvénients de leur position pour fixer le nombre de leurs ruches, en partant du principe que vingt bons essaims donnent plus de bénéfice que quarante médiocres, et qu'en conséquence il ne faut les multiplier qu'en proportion du nectar, de la miellée et du pollen qu'ils peuvent se procurer à une lieue au plus de distance, sauf à établir plusieurs ruchers, si on avait une plus grande étendue de terrain à faire exploiter par ses abeilles.

Des ruches.

Les ruches sont des paniers fabriqués avec de la paille, de l'osier, ou autres branches de bois souple, ou des boîtes de bois blanc, comme de bois résineux et quelquefois même de liége et de morceaux de troncs d'arbre. Elles sont de formes différentes comme de grandeurs variables, suivant les localités dans lesquelles on veut cultiver des abeilles qu'on loge dans les ruches. Les grandes peuvent contenir deux pieds cubes ou 67 litres environ; les moyennes un pied et demi (50 litres), et les petites un pied (33 litres). On doit, avant de s'en servir, les numéroter et marquer leur poids.

Il est inutile de s'étendre sur les ruches simples ou d'une seule pièce (*fig.* 4), puisque les cultivateurs connaissent ces sortes de ruches, et qu'ils savent que les ruches de paille sont faites avec des rouleaux ou cordons de pailles

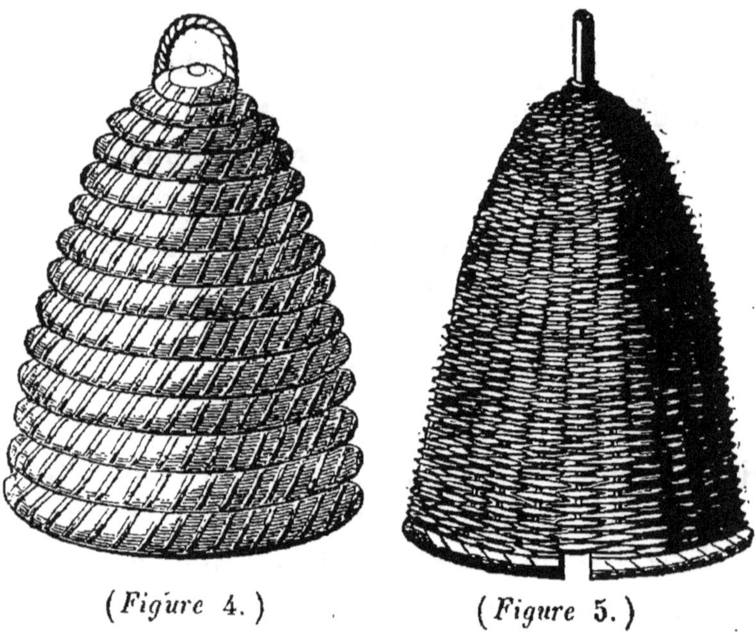

(*Figure 4.*)   (*Figure 5.*)

disposés en spirale, serrés et liés ensemble avec de la ronce commune ou de l'osier, ou même de la ficelle; que celles construites avec des branches d'osier ou de frêne (*fig.* 5) sont un travail grossier de vannerie, et que celles en bois se composent d'un tronc creusé, ou de quatre morceaux de planches pour former les côtés, et d'un cinquième plus large et plus long qui fait la couverture, et qui, à raison de ses dimensions, déborde les côtés (*fig.* 6), enfin, qu'on place au milieu de la hauteur des moyennes et petites ruches deux tringles ou baguettes de 15 à 20 millim. de diamètre qui se croisent, pour

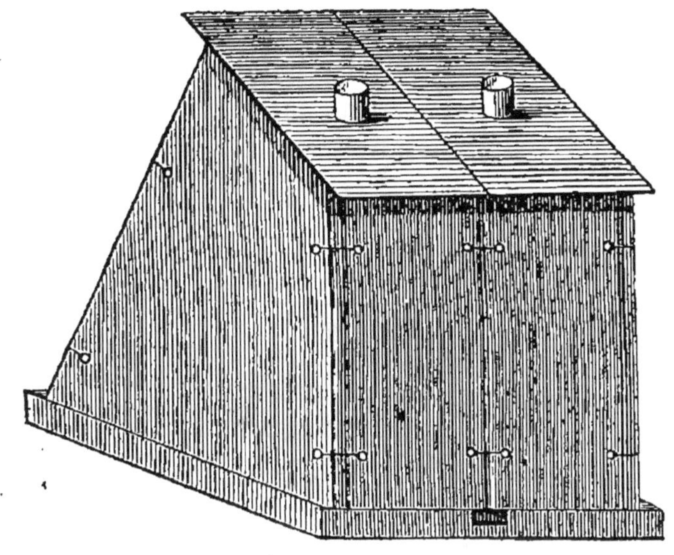

(*Figure 6.*)

soutenir les rayons, et qui ressortent un peu. Dans les grandes ruches, il en faut 4, dont 2 sont mises au tiers de la hauteur, et les autres aux 2 tiers. On doit faire à la couverture des ruches en bois un trou de 3 centim. de diamètre avec une petite feuillure tout autour, qu'on bouche avec un morceau de bois ou d'ardoise, ou de fer-blanc, ou même avec un petit vase de verre, sauf à le remplacer par le morceau d'ardoise, lorsque les abeilles l'ont rempli de rayons pleins de miel. Il serait également utile qu'il y eût un trou au haut des ruches de paille et de vanniers.

Des ruches composées.

Les ruches composées sont en paille ou en bois. Les premières sont de deux pièces. On les nomme *ruches villageoises ou à capote* (*fig.* 7).

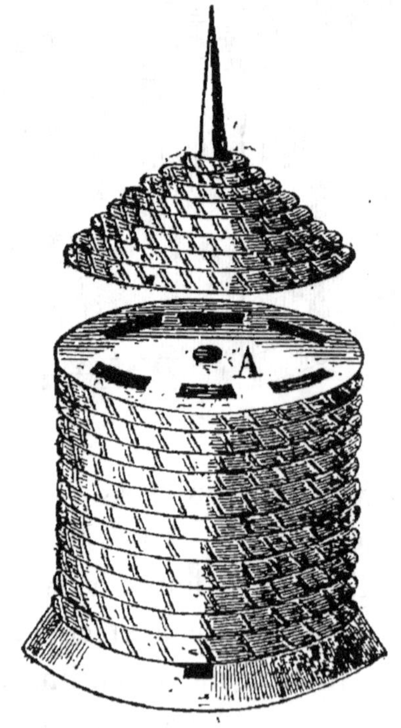

(*Figure* 7.)

Le couvercle de la capote a la forme d'une demi-sphère plus ou moins aplatie, suivant sa contenance, qui doit être du 1/4 au 1/5 du corps de la ruche; son ouverture a le diamètre du corps de la ruche. Il est surmonté d'un morceau de bois arrondi de 20 à 25 centim. de long, terminé à sa partie inférieure par une gorge sur laquelle on commence le couvercle.

Le corps de ruche est un cylindre de 35 centim. de haut et de 32 centim. de diamètre intérieur, couvert d'une planchette A mince du même diamètre. On l'y attache avec du fil de fer recuit. On fait dans le pourtour de cette planche, à 13 millim. de distance des parois intérieures de la ruche, des ouvertures de 1 centim. sur 8 de long, pour le passage des abeilles dans le couvercle, et on place dans le milieu du corps de ruche 2 tringles pour soutenir les rayons de cire. On fait au bas de la ruche une coupe de 7 centim. de long sur 12 millim. de hauteur, pour l'entrée et la sortie des abeilles. Il suffit d'un cerceau pour fixer le diamètre de la ruche, qui doit être le même pour toutes celles d'un rucher, afin qu'on puisse placer au besoin le couvercle ou le corps d'une ruche sur celui d'une autre ruche *.

Les ruches composées en bois sont de deux

---

* Un amateur a imaginé de remplacer la planchette A par une petite grille formée de tringles de bois. Les abeilles alors ne sont pas séparées et la récolte n'en est pas gênée.

sortes : les premières, dites *ruches à hausses* (*fig.* 8), sont la réunion de 3, 4 ou 5 cadres ou tiroirs égaux, mais renversés le fond par-dessus et garni d'ouvertures sur les côtés pour la communication d'un tiroir ou d'une hausse à

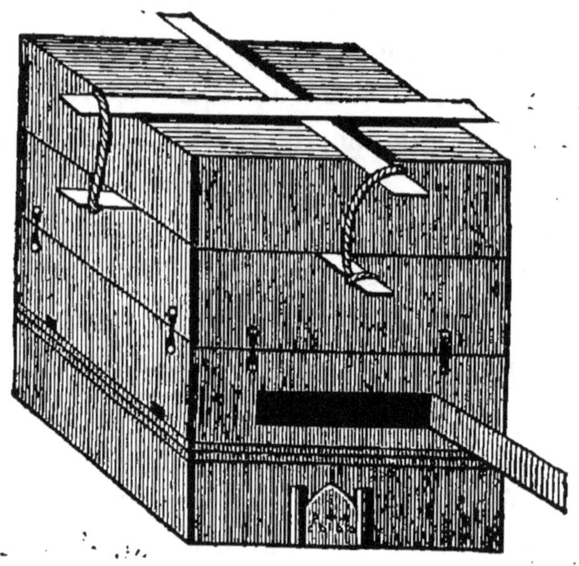

(*Figure* 8.)

celle supérieure, ces hausses étant placées immédiatement les unes sur les autres. La dernière hausse est recouverte d'une planchette; on les maintient soit avec des crochets, soit avec des chevilles et du fil de fer, qui sont placés aux mêmes points, à toutes les hausses de toutes les ruches, pour pouvoir les employer indifféremment, afin de les remplacer et de les changer de place*. Il en sera de même pour les ruches ci-après.

Les secondes sont les *ruches perfectionnées* (*fig.* 6). Pour se faire une idée de ces ruches, qu'on s'en figure une en bois d'une seule pièce, plus haute que large et profonde, dont la couverture ne déborde que devant et derrière, et qu'on coupe en deux parties égales, sur la largeur, par un coup de scie, du haut en bas. Sa largeur doit être fixée, comme celle de toutes les ruches en bois, sur le nombre de rayons ou gâteaux qu'on veut que les abeilles fassent dans la ruche. L'épaisseur de chaque rayon est de 35 millim., y compris la distance d'un rayon à l'autre, laquelle est de 1 centim.

Pour perfectionner cette ruche, on rétrécit sa partie supérieure d'un tiers dans la profondeur, et on augmente sa base d'un tiers, de sorte que le bas de la ruche a le double de profondeur que le haut. On donne à la couverture assez de pente sur le devant pour l'écoulement des eaux, tant extérieures, comme celles de pluie, qu'intérieures, produites par les vapeurs qui se condensent contre les parois intérieures des ruches. La planche qui ferme chaque côté

---

* Dans la *fig.* 8 on a représenté 3 manières de lier les tiroirs. Le 3ᵉ a une ouverture vitrée couverte d'un volet. Il faut dire que cette ruche a été abandonnée. On ne la donne ici que pour ne rien omettre.   (*Note de l'éditeur.*)

monte jusqu'au niveau de la couverture, qu'elle recouvre des côtés. Elle est mobile, et elle ne tient que par des crochets ou par des chevilles sur lesquelles on tourne de l'osier, ou du fil de fer, ou de la ficelle. On met à chaque partie de la ruche, à 12 ou 15 centim. de hauteur si elle est moyenne ou petite, une tringle de 13 millim., qui traverse les planches de devant et de derrière, et qu'on consolide avec un petit coin et un petit clou d'épingle pour maintenir l'écartement du devant et du derrière. Elle doit être à peu près au milieu de la largeur de la planche et de manière à être sous un rayon et non dans un sentier. Si la ruche est grande, on place une seconde tringle à 16 centim. au-dessus de la première. On cloue sur le milieu de cette tringle, et à angle droit, une autre tringle plus étroite et ayant la longueur de la largeur de la ruche, moins 9 millim. pour soutenir les rayons, parce qu'ils sont parallèles à la forte tringle qui ne peut en soutenir qu'un.

On peut faire de chaque côté de la couverture un trou pour y placer un vase de verre. Les deux parties de toutes les ruches d'un rucher doivent être semblables et égales, et les crochets ou chevilles placés à la même hauteur, pour qu'une moitié de ruche soit appliquée à la moitié d'une autre ruche.

Il faut diriger les abeilles dans la disposition de leurs rayons, afin de pouvoir à volonté séparer la ruche en deux sans rien briser; pour y parvenir, on fait, à 5 millim. du bord de la couverture, 2 trous à 6 centim. de distance, et suffisant pour y passer un fil de fer recuit. On fait 2 autres trous en face et à 26 millim. des premiers; on fait entrer dans ces trous des fils de fer, les extrémités en dehors et ployés de manière à y mettre un morceau de rayon de 3 centim. de haut sur 8 à 12 centim. de long, qui, dans sa longueur, soit appliqué d'un côté contre la couverture, et de l'autre soutenu bien verticalement par les 2 fils de fer, en ayant attention à l'inclinaison que les abeilles donnent au fond des rayons. Ce morceau de rayon est prolongé jusqu'au plateau, et parallèlement aux côtés, par les abeilles qui, ne faisant le second qu'à 1 centim. de distance, laissent 5 millim. d'intervalle entre le rayon et le bord de chaque moitié de ruche, et permettent ainsi d'ouvrir la ruche sans toucher aux rayons. On n'a besoin de prendre cette mesure que pour les ruches neuves. La propolis attachée contre la couverture, le devant et le derrière, suffit pour diriger les abeilles dans les ruches qui ont servi.

Si on désire, pour ses vérifications, une *ruche*

d'expérience (*fig.* 9), il suffit de remplacer les planches des côtés d'une ruche perfectionnée

(*Figure 9.*)

par des châssis, au milieu desquels on place un grand carreau de verre qu'on recouvre d'un volet, et, au lieu de couper la ruche en deux, on en fait autant de parties qu'on veut que les abeilles y fassent de rayons. Chaque partie n'a alors que 35 millim. de large.

Plateaux ou tabliers , *portes, supports, surtouts* ou chemises.

Toutes ces ruches, n'ayant point de fond, sont posées sur des plateaux de bois, de plâtre ou d'ardoise, ou même de pierre dont la surface est bien unie. Ils doivent avoir 6 centim. de large et 13 centim. de long de plus que les ruches; on creuse sur le devant un passage en pente de 7 centim. de large et de 18 à 20 millim. de profondeur sur le bord, mais qui se réduit de manière à n'avoir que 11 millim. à 55 du bord. On ferme au besoin ce passage unique, pour l'entrée et la sortie des abeilles, avec de petites plaques ou portes du double plus hautes que le passage, et auxquelles on fait d'un côté des ouvertures suffisantes pour qu'une abeille y passe, et de l'autre des trous plus petits pour s'opposer à l'entrée et à la sortie de ces insectes. Si on se sert de la ruche perfectionnée, il faut quelques plateaux de réserve, d'un tiers plus larges que les autres, et qu'on emploie lorsqu'on est forcé d'ajouter une troisième partie à ces ruches.

Ces plateaux sont soutenus à une élévation relative à l'humidité du canton. Plus il est humide, plus il faut écarter les plateaux de terre. Les supports sont ordinairement 4 pieux de

1 m. 15 cent., terminés en pointe pour les enfoncer de 40 à 50 cent. en terre, et ceux de devant de 3 à 5 cent. de plus; afin d'incliner le plateau pour l'écoulement des eaux. Le plateau doit déborder les supports de 3 cent., pour empêcher la famille des rats de monter dans la ruche, raison pour laquelle on donne au moins 65 cent. de hauteur aux supports. On peut faire ces derniers avec une pierre, un tronc d'arbre ou un cône tronqué en terre cuite et rempli de terre.

Les ruches à l'air libre sont ordinairement, à moins que leur couverture en bois n'ait une forte épaisseur, recouvertes d'un surtout ou chemise en paille de seigle battue sur le tonneau. On en coupe les épis et on la lie solidement à la hauteur fixée par la longueur du surtout; on ouvre la paille au-dessus du nœud et on la rabat de tous les côtés sur la partie longue pour la lier également au même point; on ouvre ensuite la paille longue que l'on dispose suivant la forme de la ruche, en donnant plus d'épaisseur du côté de la pluie. On la maintient ensuite avec des baguettes.

Ruchers en plein air.

Si on a un grand emplacement, on peut mettre une grande distance entre les ruches dont l'ouverture est placée du levant au sud. On garnit les intervalles d'arbres nains, d'arbrisseaux et de plantes qui fournissent beaucoup de bon nectar : si le local est petit, on les met sur deux lignes à l'exposition du levant et du sud, à 2 m. de distance, et les ruches à celle de 1 m. dans les rangs; on ne laisse pousser aucune herbe sous les ruches ni à 60 cent. autour. Si on n'a pas de courant d'eau aux environs, on y enterre un ou deux baquets, rez terre, dans lesquels on met six pouces de terre pour y planter du cresson d'eau, et on remplit le baquet d'eau. S'il reste de la place autour des ruches, on y fait les plantations déjà prescrites ; ce qui a également lieu pour les ruchers couverts.

Ruchers couverts.

Si les pluies, les vents impétueux et les orages sont fréquents dans le canton, on met les ruches à couvert dans des granges longues et ouvertes, à l'exposition du levant, ou dans des bâtiments faits exprès, d'une longueur déterminée, suivant le nombre des ruches, sur un rang ou deux, les uns au-dessus des autres. La profondeur est fixée sur la place que tiennent les ruches et l'espace nécessaire pour les soigner et les exploiter. La pente de la toiture est sur le derrière comme dans les ruchers ouverts, et il n'y a aucune ouverture qu'aux deux extrémités, où l'on place une croisée avec une porte ; sur le devant on fait les passages devant chaque ruche ; on y met une planchette qui déborde au dehors. On fixe dans les rangs les ruches à 80 cent. les unes des autres, et la même distance entre le rang du bas et le rang supérieur. Si le canton était très-humide, on pourrait placer ses ruches dans des lieux élevés, tels que des greniers.

On choisit pour le placement de son rucher, soit couvert, soit en plein air, un lieu écarté du bruit, des marais, des fumiers et des fabriques dont il s'échappe de fortes exhalaisons, ainsi que des raffineries de sucre où elles se rendent par milliers, et où elles périssent dans les chaudières. Le bois dont on fait les ruches peut être d'un tiers plus mince, lorsqu'on les loge dans un rucher couvert, parce qu'elles y sont à l'abri de la pluie et des rayons du soleil.

On tient les ruchers toujours propres ; on y détruit les araignées et les fourmis ; on y fait la guerre à la famille des guêpes comme à celle des rats, et aux oiseaux qui mangent les abeilles. Enfin, on surveille les fausses teignes, s'il y en a dans le canton. On ajoute à cet effet dans le rucher une ou deux ruches vides placées comme les autres, et qui recouvrent quelques morceaux de vieux rayons de cire posés sur les plateaux. On les visite de temps à autre pour détruire les papillons et leurs larves. On peut encore diminuer le nombre de ces insectes en plaçant dans le rucher derrière les ruches, les soirs où le temps est beau et l'air calme, une ou deux torches à la flamme desquelles les fausses teignes viennent se brûler.

Achat et transport des Abeilles.

L'achat des abeilles peut se faire en trois saisons. La première est à l'époque de l'essaimage. C'est le moment qu'il faut choisir si l'on veut fournir des ruches, et éviter d'apporter chez soi des fausses teignes. La valeur des essaims doit être calculée sur leur poids et sur l'époque de l'essaimage. Dans les bonnes positions, les essaims pèsent jusqu'à 3 kilog., dans les moyennes près de 2 1/2, et dans les positions inférieures seulement 2 kilog.; ce poids est facile à constater si on a celui de la ruche. Il n'y a que les premiers essaims qui sont de ce poids; les seconds sont plus légers, et les troisièmes encore davantage, de sorte qu'il faut en réunir plusieurs pour en former un bon. Un essaim parti 10 à 15 jours avant un autre de même poids acquiert par ce seul fait une valeur de plus du quart, pendant que ceux sortis tard ou d'un poids moindre que ceux indiqués doivent diminuer de prix, en raison directe du retard et de la légèreté.

Les achats faits à l'automne sont les moins favorables. Ainsi dans le cas où on n'a point garni son rucher d'abeilles à l'essaimage, il vaut mieux attendre au printemps, sauf à payer un peu plus cher, pour éviter les pertes qui peuvent avoir lieu dans l'automne et dans l'hiver.

On juge de la bonté et conséquemment de la valeur d'une ruche par son poids, dont il faut extraire celui de la ruche et celui de l'essaim pour connaître la quantité de cire et de miel qu'elle contient. On ne peut être trompé sous ce rapport qu'autant qu'il y a dans les alvéoles une quantité plus ou moins grande de pollen, que les cultivateurs nomment rouget, ce qui n'arrive que rarement dans les bonnes cultures, et seulement alors dans les vieilles ruches.

Si on demeure à moins d'une lieue du rucher où on achète des essaims, il faut les transporter le soir même du jour de leur sortie de la ruche mère, c'est-à-dire de celle qui a fourni l'essaim. Dans le cas contraire, on peut attendre quelques jours pour tout enlever à la fois. Pour effectuer le transport, on choisit le moment où toutes les abeilles sont rentrées. Alors on étend auprès de la ruche un morceau de serpillière ou de toile à canevas. On soulève la ruche doucement pour la poser sur la toile; on relève les bords de cette toile tout autour de la ruche, et on l'y serre bien avec de la ficelle pour l'empêcher de glisser. Si on n'a que trois ou quatre essaims nouveaux à transporter, on peut attacher les ruches à l'extrémité d'une forte gaule, qu'un homme porte sur l'épaule; mais si on a fait un achat considérable, surtout au printemps, il faut une voiture qu'on garnit bien de paille, sur laquelle on met des gaules ou des tringles pour pouvoir poser les ruches, sans qu'elles portent sur la paille, afin que les abeilles puissent avoir de l'air. Les essaims, arrivés à leur destination, peuvent être placés de suite sur les plateaux; mais on attend que la tranquillité règne dans les ruches, pour délier et retirer les toiles. Il est utile de donner à chaque essaim une demi-livre de miel ou de sirop, pour les occuper de suite et les attacher à leur nouvelle demeure. On couvre ce sirop ou miel, qu'on leur donne dans une assiette, d'un morceau de toile très-claire, ou d'un papier épais dans lequel on a fait des trous ou des coupures très-étroites et allongées, et à défaut de toile et de papier, de brins de paille croisés, pour que les abeilles puissent pomper la liqueur sans s'y noyer. On met l'assiette sur le plateau recouvert de la ruche.

Soins généraux à donner aux Abeilles.

Les soins que les abeilles exigent sont de tous les temps, ou relatifs à chaque saison.

Les soins généraux consistent à visiter souvent les abeilles, pour qu'elles finissent par reconnaître ceux qui les soignent. Dans ces visites, les apiculteurs doivent marcher doucement et tous leurs mouvements doivent être doux. Ils font le moins de bruit possible, ils parlent bas; et si une abeille annonce par ses mouvements et par un bourdonnement particulier qu'elle se prépare à les attaquer, il faut qu'ils se baissent et qu'ils restent dans cette position jusqu'à ce qu'elle les abandonne. On ne doit pas troubler les abeilles dans leurs travaux, ni soulever ou ouvrir les ruches, que lorsqu'il y a nécessité, et jamais brusquement. On ne le fait que pour s'assurer de l'état de leurs approvisionnements, ou de l'époque de l'essaimage, ou lorsqu'on s'aperçoit que les abeilles sont sans activité, ou que les fourmis ou les guêpes entrent dans la ruche; ou enfin qu'on remarque les excréments des fausses teignes sur le plateau, et qu'on en sent l'odeur.

Dans la visite des ruches, on détruit les araignées et leurs toiles, les limaces et les fausses teignes. S'il y a dans le rucher ou aux environs des fourmilières et des guêpiers, on les brûle soit avec le feu, soit avec l'eau bouillante. Enfin, on donne la chasse aux oiseaux qui mangent les abeilles.

Vêtements pour soigner les Abeilles.

Les précautions qu'on vient d'indiquer, et d'autres qu'on notera plus bas, s'opposent à ce qu'on mette les abeilles en colère et à ce qu'elles attaquent ceux qui les soignent. Cependant il peut échapper un mouvement brusque qui les rende furieuses. Il y a des fleurs, comme celles des châtaigniers, qui les rendent méchantes. Elles le deviennent plus ou moins à l'aspect des orages. Enfin, si l'odeur de certaines personnes leur plaît, au point qu'elles puissent les soigner les bras nus et la figure découverte, il est d'autres personnes, telles que les personnes à cheveux rouges ou qui suent beaucoup des pieds, dont l'odeur contrarie les abeilles, au point qu'elles les menacent dès qu'elles s'approchent, et qu'elles les piquent si elles ne se retirent pas promptement.

Pour prévenir les piqûres, que l'apiculteur ait 1° un pantalon à pieds, ou une paire de guêtres pour recouvrir le soulier et le bas du pantalon; 2° un gilet bien fermé qui est préférable à un habit et à une redingote; 3° des gants épais, mais qui permettent cependant de manier les instruments, et qui soient assez longs pour qu'on puisse les lier sur la manche avec un lacet; 4° un camail de coutil ou de toile cirée qui enveloppe la tête et le cou, et qu'on lie sur le collet du gilet, pour qu'une abeille ne puisse pas passer entre la tête et le camail. En face de la figure, on fait une ouverture ovale qu'on ferme avec un grillage, ou masque bombé, fait de fil de fer ou de laiton dont les mailles sont assez petites pour empêcher les abeilles de passer. Les femmes doivent prendre les mêmes précautions, et à défaut de pantalons, avoir de longs jupons. Elles peuvent remplacer le masque par un morceau de gaze. Ainsi vêtu, on opère tranquillement sans crainte d'être piqué, ni de tuer des abeilles.

Si, faute d'avoir pris ces mesures, on était piqué, on arracherait de suite l'aiguillon et on verserait une goutte d'alcali dans la plaie. Il faut à cet effet avoir toujours un flacon d'alcali volatil; si on en manquait, on pourrait employer les autres, même la chaux vive. Si on n'a aucun de ces articles à sa disposition, on frotte la plaie avec un linge imprégné d'un peu d'huile ou de miel, ou avec des feuilles de persil, de pavot, de cacis, etc., et si on le peut on suce la plaie après l'avoir un peu pressée avec les doigts, pour en faire sortir le venin.

Soins à donner aux Abeilles pendant l'automne et l'hiver.

L'automne et l'hiver des abeilles sont le temps qui s'écoule entre l'époque où les abeilles ne trouvent ni nectar, ni miellée, ni fruits dont elles puissent tirer parti, et celui du renouvellement des fleurs dans les campagnes. Cette époque avance ou retarde d'un mois en France, suivant la latitude, et quelquefois autant dans le même canton, suivant la température.

Dès que les fleurs, les feuilles et les fruits ne fournissent plus rien aux abeilles, et que la température devient plus froide et plus humide, on fait une visite générale pour juger si ces insectes ont des approvisionnements suffisants pour passer l'hiver jusqu'au renouvellement des fleurs. La quantité de miel nécessaire à cet effet est relative à la température, puisque plus l'hiver est doux, plus les abeilles consomment.

Le poids des ruches fait connaître, comme on l'a déjà dit, la quantité de miel qu'elles contiennent. On ne peut être trompé qu'autant que les abeilles se sont approvisionnées de beaucoup de pollen, ce qu'on vérifie facilement avec les ruches perfectionnées ou d'expérience, et ce qu'on doit présumer si la température de l'année a été sèche et la rosée rare.

La quantité de miel nécessaire aux abeilles pour passer l'hiver est d'environ 6 à 8 kilogr. pour une forte ruche comme pour une moyenne, fait constaté par l'expérience, sans qu'on ait pu se rendre raison jusqu'à ce jour de la consommation égale dans une ruche de 20,000 et de 30,000 abeilles pendant la mauvaise saison; mais ce qui est un motif d'avoir de forts essaims, puisqu'ils ne coûtent pas plus à nourrir que ceux qui sont médiocres.

Si les ruches contiennent plus de 6 à 8 kilogr., il ne faut pas leur en tirer, parce que les abeilles bien approvisionnées mettront plus d'activité dans leurs travaux du printemps, que les essaims seront plus précoces et la récolte de miel plus abondante. Pour s'assurer si, en pesant 8 kilogr. de plus, elles ont ce poids en bon miel, il faut vérifier avec une aiguille si le miel n'est pas candi, ce qui n'a lieu que dans les vieilles ruches; comme les abeilles ne peuvent s'en servir, il faut leur en donner d'autre. Mais si la mauvaise saison n'a pas permis à ces insectes industrieux de faire un approvisionnement suffisant, on doit leur fournir sur-le-champ de quoi le compléter.

Lorsque la chaleur se fait encore sentir, on leur donne du miel le plus commun ou des sirops qu'on confectionne de la manière suivante :

On coupe en petits morceaux des poires, des coings ou des pommes, et on écrase seulement des prunes ou des abricots après en avoir tiré les noyaux. On les fait cuire avec leur poids d'eau. Après la cuisson, on les presse pour extraire le jus. On ajoute à ce jus un cinquième de vin, de cidre, de bière ou de miel, et on fait cuire jusqu'à ce que le mélange ait la consistance du sirop ordinaire. On peut également réduire du jus de raisin et de la mélasse en sirop après y avoir ajouté de la liqueur fermentée. On peut même employer pour la confection de ce sirop du jus de carottes, de betteraves, et même de navets, auquel on ajoute, lorsqu'il est réduit, un cinquième moitié miel, moitié liqueur fermentée. On remet sur le feu jusqu'à la réduction du tout en sirop, ce dont on s'assure soit avec un pèse-liqueur, soit en en prenant un peu entre le pouce et l'index et en écartant doucement les doigts quand le sirop a perdu sa chaleur. S'il est bien cuit, il forme un fil qui se rompt net. On conserve ce sirop un an en bouteille en le plaçant dans un lieu frais.

On donne ce sirop aux abeilles, comme on l'a indiqué à l'article *Achat des abeilles*, le soir si la température est douce, le matin si les nuits sont froides; il faut le leur donner tiède. Dans ce cas, on met les portes pour empêcher les abeilles des ruches voisines de pénétrer dans celles qu'on nourrit. Si le canton est humide, on jette sur le plateau de ces ruches, comme sur celui des autres, un peu de sel de cuisine pour garantir les abeilles de la diarrhée.

Il faut donner aux abeilles, en deux ou trois fois, la quantité de miel ou de sirop nécessaire pour leur approvisionnement; autrement, en prolongeant le grand mouvement dans la ruche, il y aurait plus de consommation momentanée; il faut aussi en donner plus que moins, parce que l'excédant leur servira au printemps.

Si on a attendu trop tard pour approvisionner les abeilles, elles n'ont plus la force nécessaire pour transformer le sirop en miel. Il faut donc leur donner du miel qu'on fait un peu chauffer en le mêlant avec un douzième au plus de liqueur fermentée, et qu'on verse encore chaud dans les alvéoles d'un côté d'un morceau de rayon, ou bien on leur donne des morceaux de rayons remplis de miel, tels qu'on les a tirés de la ruche, avec l'attention de retourner les rayons pleins des deux côtés quand elles en ont vidé un.

Pour ces opérations, qui se font très-promptement, on ne prend d'autres précautions que celles indiquées pour se préserver des piqûres, et seulement dans le cas où on opère sur plusieurs ruches. Mais, si on avait des opérations plus longues, on emploierait, pour forcer les abeilles à ne pas se jeter sur les apiculteurs et à les gêner dans leurs travaux, le moyen suivant, qui a en outre l'avantage de renouveler l'air des ruches.

On roule au bout d'un bâton un morceau de vieille toile ou de serpillière, et on met le feu à son extrémité, mais sans flamme, après avoir enlevé les surtouts. Alors on frappe deux ou trois coups contre la ruche, et on empêche la sortie des abeilles en leur soufflant la fumée contre l'ouverture jusqu'à ce qu'on entende un bruissement qui annonce que pour garantir la reine du danger elles la couvrent de leur corps. On soulève alors la ruche, on place le fumeron dessous, et on opère sans que les abeilles bougent. C'est ce qu'on appelle *mettre les abeilles en état de bruissement.*

Dans la visite générale qui a lieu à cette époque, on a soin d'examiner l'intérieur des surtouts, les ruches et les plateaux, et de détruire les insectes qui s'y trouvent.

Si dans cet examen on s'aperçoit qu'on a des essaims non-seulement mal approvisionnés, mais encore très-faibles par le petit nombre d'abeilles, on agit suivant les circonstances.

Peut-on augmenter le nombre de ses ruches

dans le canton, ou a-t-on la facilité d'en vendre, on conserve ces mauvais essaims, et si on
a des ruches perfectionnées, bien chargées de
miel, on en fournit à celles qui en manquent de
la manière suivante : On met, comme je viens
de le dire, les abeilles d'une ruche en état de
bruissement, et on les enfume en portant la
fumée du côté opposé à celui contre lequel on a
frappé, où la reine et la majorité des abeilles
se sont réunies. La fumée force les abeilles à
quitter la partie qu'on enfume ; on enlève alors
cette moitié, et on la remplace momentanément
par une partie vide. On fait la même opération
sur une ruche faible ; mais, au lieu de lui mettre une moitié vide, on lui ajoute celle qu'on a
prise à la ruche bien garnie de miel, à laquelle
on donne celle de la ruche faible en retirant la
partie vide : les deux ruches ont ainsi un approvisionnement égal.

On peut aussi augmenter facilement la provision d'une ruche villageoise en lui donnant un
couvercle plein de miel qu'on a en réserve ou
qu'on prend à une ruche très-forte sur laquelle
on remet le couvercle à moitié vide de l'autre
ruche. On a l'attention, avant de faire l'échange,
de chasser les abeilles qui sont dans les couvercles. On y parvient aisément en retournant un
couvercle plein, en le couvrant d'un autre vide,

et en frappant le couvercle de dessous avec des baguettes ; les abeilles, épouvantées par le bruit, montent dans l'autre, dont on les fait tomber en face de leur ruche avec un fort coup de main sur le couvercle.

Si, d'après le principe reconnu, que deux faibles essaims consomment relativement plus pendant l'hiver qu'un fort, et supportent moins bien les rigueurs de l'hiver, on voulait les réunir, on le ferait facilement dans une ruche perfectionnée, en obligeant les abeilles d'une des ruches, par le moyen ci-dessus, à abandonner le côté gauche de cette ruche, en forçant au contraire celle de l'autre ruche à se retirer dans la partie gauche, et en réunissant les deux moitiés qui contiennent les abeilles ; mais il faut ensuite, pour éviter un combat entre les deux essaims et les fondre en un seul, retourner la ruche, l'ouverture en haut, asperger les abeilles avec du miel tiède mêlé avec un peu d'eau, remettre la ruche en place et lui donner du miel ou du sirop dans une assiette, pour remplacer celui qui est dans celle qui est vide d'abeilles, ou retirer les rayons garnis de miel de cette dernière ruche pour les placer l'un après l'autre sous la première, après avoir enlevé la pellicule de cire qui couvre les alvéoles remplis de miel. Les abeilles, occupées d'abord à se nettoyer et

3.

puis à recueillir le miel, ne s'attaquent pas; au contraire, elles se mêlent et se confondent pendant ce travail, et la réunion se fait sans autre perte que la mort d'une des reines.

Il n'est pas aussi facile de réunir deux essaims dans les autres ruches, parce que les abeilles abandonnent difficilement leurs ruches dans cette saison; cependant on y parvient de la manière suivante :

On a un tabouret de 65 cent. de haut sur une largeur de 50 cent.; on y fait au milieu une ouverture ronde de 30 cent. de diamètre, qu'on peut fermer au besoin avec un cadre garni d'une toile métallique, dont les trous sont assez petits pour que les abeilles ne puissent pas passer à travers. Les côtés et le devant sont bien fermés jusqu'au bas avec des planches de 1 cent., soit avec du carton ou bien avec de la toile bien serrée et clouée contre les pieds et les traverses; quant au derrière, on attache seulement dans le haut une toile qui, comme les autres, descend jusqu'à terre. On place sous le tabouret un réchaud dans lequel on a mis quelques substances propres à produire de la fumée, comme de mauvais chiffons, de la bouse de vache desséchée, de la paille un peu humide avec quelques charbons enflammés.

On pose la ruche la plus chargée de miel et

d'abeilles sur le tabouret, après avoir placé le cadre métallique pour empêcher les abeilles de tomber dans le réchaud, et les avoir préalablement mises en état de bruissement, comme on le fait ensuite à l'autre ruche.

On enlève le couvercle, si c'est une ruche villageoise, et on la recouvre d'une ruche vide. La fumée et de petits coups donnés avec des baguettes contre la ruche pleine déterminent les abeilles à monter dans la ruche supérieure qu'on met sur un plateau et qu'on ferme avec une porte pour empêcher les abeilles de sortir. On remet à l'autre ruche son couvercle et on la pose à terre.

Alors on prend la ruche qui contient le faible essaim et peu de miel, et on la place sur le tabouret. Après en avoir ôté le couvercle, on pose dessus celle dont on a chassé les abeilles, et on force les abeilles de la ruche inférieure à y monter; ce qu'elles font plus promptement que les autres. Quand elles y sont, on la retourne l'ouverture en haut, on asperge bien les abeilles. Cela fait, on pose dessus la ruche vide de rayons dans laquelle on a fait entrer l'autre essaim, et d'un coup de main ou deux donnés sur le haut de cette ruche, on en fait tomber les abeilles dans la ruche inférieure. On asperge de nouveau les abeilles. On remet alors cette ruche à sa place après avoir posé sur le plateau du miel ou du sirop dans une assiette. Les deux essaims, après s'être nettoyés, ramassent ensemble le miel mis dans l'assiette et celui qu'on leur ajoute, s'il le faut, pour compléter leur approvisionnement, et la réunion se fait sans combat.

Si la ruche est d'une seule pièce et qu'elle ait un trou dans sa partie supérieure, on débouche le trou après avoir mis les abeilles en état de bruissement, et on le recouvre d'un morceau de canevas très-clair ou de toile métallique, pour que la fumée puisse entrer dans la ruche sans que les abeilles en sortent : on la fait entrer dans le trou du tabouret, et on continue l'opération comme ci-dessus ; mais lorsque les ruches sont sans trou, il faut plus de temps et de peine, parce qu'on est privé du secours de la fumée.

On fait une double opération pour cette réunion, et il paraîtrait plus simple de se contenter d'une, en chassant le faible essaim de sa ruche, et en le jetant dans l'autre ruche après en avoir aspergé les abeilles ; mais alors ce faible essaim est exposé à être attaqué et détruit par l'autre, et dans ce cas on a perdu un essaim et affaibli l'autre.

Si le rucher était suffisamment garni d'essaims et qu'on ne trouvât pas à en vendre, il faudrait s'éviter tout ce travail en détruisant les essaims faibles et en profitant de leurs provisions.

Ces soins donnés, on attend le moment des gelées, soit pour retourner les ruches du côté du nord-est, afin que les rayons solaires ne portent pas sur l'entrée de la ruche, et ne déterminent pas à sortir les abeilles qui périraient saisies par le froid, soit pour transporter les ruches dans un lieu obscur et sec, qui ait une ouverture du côté des vents secs. On les y laisse jusqu'à ce que le temps s'adoucisse et que les fleurs de quelques végétaux paraissent, comme celles des saules marceaux, coudriers, etc. Quant à celles qui restent dehors, il faut veiller à ce que leur entrée ne soit pas bouchée par de la neige ou par du givre qu'on enlève dès qu'il s'entasse sur le plateau.

Si les ruches ne sont pas placées de manière que la famille des rats ne puisse y entrer, on doit prendre les précautions nécessaires pour leur en interdire l'accès, soit en garnissant de *pourget* (mélange de chaux, de bouse de vache, d'argile et d'eau) le bas des ruches de paille et d'osier et en mettant des portes, soit en reculant les ruches de bois en arrière pour diminuer la hauteur du passage des abeilles; mais comme ces moyens préservatifs s'opposent au renouvellement de l'air dans les ruches et y concentrent

une humidité nuisible aux abeilles, il faut le renouveler dans les beaux jours secs au moyen d'un
petit trou fait dans le haut d'une ruche et bouché
par une cheville qu'on retire pendant une heure.

Soins à donner aux Abeilles au printemps jusqu'à l'essaimage.

Aussitôt qu'un temps doux ranime la végéta-
tion, tire les abeilles de leur engourdissement
et les détermine à recommencer leurs travaux,
les apiculteurs doivent faire une visite générale
de leurs ruches. Ils coupent avec un instrument
bien tranchant 6 ou 8 centim. du bas des rayons,
ou plus s'il y a de la moisissure. Si les *gallerias
de la cire*, vulgairement nommées *fausses teignes*,
sont communes dans le canton, ils enlèvent aussi
un rayon de chaque côté. Cette opération terminée, si la température est humide, après avoir
nettoyé les plateaux, ils sèment dessus un peu
de sel et ils remettent ensuite les ruches dans la
même place qu'elles occupaient à l'automne. Il
est à remarquer qu'en retardant la sortie des
abeilles, lorsque la température les met en mouvement, on les oblige à faire sur le plateau leurs
excréments, dont les vapeurs et l'odeur vicient
l'air de la ruche, ce qui nuit à la santé des abeilles.

Ces travaux terminés, on place devant les
ruches, au premier beau jour, des assiettes rem-

plies de sirop bien tiède. Ce sirop, ainsi que le sel, n'a d'autre but que de donner du ton à l'estomac des abeilles et de prévenir la diarrhée, ou de la guérir, et non de fournir des provisions aux abeilles. C'est aussi le moment de mettre sur un plateau des morceaux de rayon qu'on recouvre d'une ruche pour y attirer les fausses teignes et même les guêpes qu'on y détruit facilement. C'est également l'époque de faire la chasse aux frelons et aux guêpes qui viennent rôder autour des arbres fruitiers, des frênes et des ormes. Comme il n'existe alors que des femelles, la destruction de vingt de ces insectes équivaut à celle de plus de cent mille à la fin de l'été. On doit aussi renouveler l'eau des cuviers et chercher les limaces, les araignées et les fourmis.

Si le temps favorable continue, les travaux des abeilles sont bientôt en pleine activité, et la ponte des œufs devient considérable. Il suffit alors de visiter le rucher de temps à autre pour s'assurer si les abeilles de chaque famille sont en grand mouvement, pour connaître la cause du ralentissement des travaux dans une ruche et y porter remède. Ainsi, par exemple, si les fausses teignes ont attaqué un essaim, on examine l'intérieur de la ruche, on reconnaît à leurs fils entre-croisés si les dégâts sont peu considérables. On se contente alors d'enlever les parties attaquées et les rayons de côtés. Ces essaims ainsi débarrassés de leurs ennemis reprennent une nouvelle vigueur.

Mais si le mal est considérable, il faut de suite transvaser les abeilles, tant pour les débarrasser des fausses teignes que pour arrêter la multiplication des ennemis ; en enlevant de suite tous les rayons attaqués, et en ne conservant que ceux qui sont remplis de couvain, s'ils ne contiennent pas de fausses-teignes, en nettoyant bien la ruche, en y introduisant de la flamme contre les parois pour détruire les œufs qui pourraient y être attachés et l'odeur de ces insectes, qui empêcherait un nouvel essaim de s'y établir. Ensuite on y replace l'essaim s'il reste du couvain dans la ruche, ou on le met dans une nouvelle. On lui donne le soir, après le coucher du soleil, du sirop tiède ou du miel, suivant que la température est plus ou moins chaude pendant la nuit, et on continue à en mettre dans la ruche si la récolte du nectar n'est pas abondante. Après avoir extrait le miel des rayons tirés de la ruche, on les fond promptement pour empêcher les fausses teignes d'en manger la cire.

On n'oublie pas dans ces visites l'examen des ruches vides sous lesquelles il y a des morceaux de rayon, pour s'assurer si les fausses teignes y ont pondu, ou si les guêpes ont commencé un nid dans la ruche. S'il y a des vers dans les rayons, ce dont on s'aperçoit de suite par leurs fils multipliés et croisés en tous sens, on retire ces rayons pour les fondre de suite, et on les remplace par de nouveaux morceaux.

Mais des temps contraires aux abeilles surviennent quelquefois dans cette saison. Des pluies continuelles s'opposent à la sortie des abeilles et rendent le nectar trop liquide, ou des vents secs et arides font évaporer le nectar à mesure que les fleurs en produisent. Dans le premier cas, les ouvrières ne peuvent se mettre en campagne, ou elles n'y trouvent qu'une mauvaise nourriture; dans le second, elles ne peuvent s'approvisionner que de *pollen* dit *rouget*, dont elles remplissent une partie des alvéoles et qu'elles recouvrent d'une couche de miel.

Si ces temps continuent plusieurs jours, il faut redoubler de vigilance et s'assurer de l'état des ruches au moyen de vérifications, surtout dans une ruche d'expériences, parce que la consommation du miel continue pour la nourriture des vers et que la provision de cette substance peut être épuisée avant le changement de temps. Les abeilles, dans cette pénurie, emploient la petite couche de miel qui couvre le pollen dans les alvéoles, et cette substance durcit tellement à l'air, que les abeilles ne peuvent plus le tirer des alvéoles. Le défaut de miel mettant ces insectes dans l'impossibilité de nourrir le couvain, ce dernier périt, se corrompt, infecte la ruche et donne aux abeilles la maladie nommée dyssenterie, laquelle est contagieuse, pendant que ces dernières, pressées par la faim, peuvent mourir ou attaquer d'autres ruches pour y prendre du miel, ce qui occasionne des combats qui peuvent produire la perte de plusieurs ruches.

Il faut donc, dans ces temps, vérifier l'état des approvisionnements des abeilles et fournir aux ruches dépourvues de miel du sirop assez abondamment pour suffire aux besoins jusqu'au retour de la belle saison. On y trouve le double avantage de conserver ses abeilles, de prévenir les maladies et d'obtenir des essaims précoces les plus avantageux pour la prospérité du rucher, comme ceux qui procurent le plus de bénéfice par la quantité considérable de miel qu'ils fournissent aux cultivateurs.

Si on avait négligé ces précautions et qu'on eût perdu quelques ruches, il faudrait les enlever de suite, et enterrer tous les rayons remplis de couvain mort. On visiterait également les autres ruches. On en tirerait les rayons qui contiennent du couvain mort et en putréfaction qu'on enterrerait, parce que les abeilles qui viendraient sur ces rayons pourraient être attaquées de la dyssenterie et la communiquer dans leurs ruches. Ensuite on laverait les plateaux de ces ruches, on les saupoudrerait de sel, et on mettrait pendant un jour ou deux devant les ruches quelques livres de sirop tiède dans lequel on aurait mêlé du vin.

. Le moment de la grande abondance du nectar et d'un temps favorable pour le recueillir est aussi celui de préparer le transvasement des ruches villageoises, c'est-à-dire de faire les dispositions nécessaires pour pouvoir enlever le corps de ces ruches dont les rayons ont plus de deux ans, et le remplacer par un autre corps qui sera rempli dans l'année de nouveaux alvéoles.

Le motif de cette opération est : 1° que les alvéoles servant de berceaux aux vers, ceux-ci, lorsqu'ils se métamorphosent en chrysalides, filent une toile qui reste dans l'alvéole après que l'abeille en est sortie en état d'insecte parfait. Il en résulte que ces toiles se multiplient beaucoup, et que, garnissant tout l'intérieur des alvéoles, elles en diminuent les dimensions au point d'en réduire l'espace d'un tiers, ainsi que les proportions des abeilles. Alors un rayon, au lieu de 1,500 gram. de miel, n'en peut contenir que 1,000, et la totalité de l'approvisionnement peut éprouver la même réduction; 2° que plus la cire vieillit dans les ruches, plus elle a d'odeur, et plus elle attire les fausses teignes.

On prépare le transvasement en mettant les abeilles en état de bruissement, en enlevant le couvercle de la ruche et en mettant en place une planchette ou une ardoise qui bouche les trous du corps de la ruche qu'on soulève ensuite pour glisser dessous un autre corps de ruche. On sépare le couvercle du corps de la ruche en défaisant les crochets et en passant lentement une lame mince de couteau ou une feuille de fer-blanc entre deux. Ces opérations terminées, on met du pourget tout autour de la ruche supérieure, aux points de contact avec la ruche inférieure, pour les lier ensemble et boucher les trous afin que les abeilles ne puissent sortir que par l'ouverture du bas en traversant le corps de ruche vide dans lequel elles font de nouveaux rayons.

Cette opération peut également se faire afin d'arrêter la sortie des essaims de la ruche pour se procurer une plus forte récolte de miel; parce que, les dimensions de la ruche étant presque doublées, le défaut d'espace n'est plus un motif pour qu'une partie des abeilles quitte la ruche; mais l'opération, sous ce dernier rapport, ne réussit ordinairement qu'autant qu'on la fait avant la ponte; autrement les abeilles, souvent trop occupées du couvain, ne construisent des rayons dans la ruche inférieure qu'après l'essaimage.

Des essaims.

Les soins donnés jusqu'à l'époque à laquelle une partie des abeilles quitte la ruche avec la reine pour s'établir ailleurs et y former un nouvel établissement, ce qu'on nomme *essaimer, produire un essaim*, n'ont d'autre but, après la conservation de la ruche, que d'accélérer le moment de l'essaimage, parce que la prospérité du rucher et la possibilité d'y faire une bonne récolte de miel dépendent de la précocité des essaims. En effet, plus les essaims quittent la ruche de bonne heure, plus ils ont de temps pour s'approvisionner, car l'essaimage a lieu dans le temps favorable à la récolte du nectar et du pollen, et les abeilles trouvent alors en abondance les matériaux nécessaires pour la construction de leurs rayons, leur nourriture, comme celle pour leurs vers, et de quoi s'approvisionner pour l'hiver ; mais ce temps favorable n'a qu'une durée plus ou moins longue suivant les lieux, et il faut que les essaims puissent en profiter autant que possible pour qu'ils remplissent leurs magasins de miel.

Un essaim fort peut ramasser jusqu'à 1 kilog. 1/2 de vivres par jour. Il peut en résulter une différence de 45 kilog. entre l'essaim parti le 1er du mois et celui qui n'a quitté la ruche que le

30 du même mois. Ainsi le premier peut être non-seulement bien garni de provisions pour l'hiver, mais avoir en outre un excédant dont le cultivateur profite, pendant que le second possède à peine de quoi vivre pendant la mauvaise saison, et qu'il faut quelquefois venir à son secours en lui fournissant du miel et des sirops. Mais on ne cultive les abeilles que pour en obtenir un produit en miel et en cire. Il est donc essentiel de faire tout ce qui dépend de soi pour avoir des essaims le plus tôt possible.

Quant au nombre des essaims à tirer de chaque ruche, il doit être limité suivant l'état du canton et la possibilité d'y multiplier ses ruches ou la facilité de vendre quelques essaims.

Dans les positions excellentes, on peut avoir deux essaims d'une ruche dite alors *ruche mère* sans que sa population en souffre. La sortie d'un troisième nuirait à la récolte de miel, point essentiel pour le cultivateur, qui n'aurait en outre dans ce troisième essaim qu'une famille faible qu'il faudrait nourrir à l'automne et à l'entrée du printemps, à moins d'une année extrêmement abondante. C'est ce qu'un exemple peut facilement démontrer.

Une ruche très-peuplée donne un premier essaim qui peut peser au plus 3 kilog., c'est-à-dire contenir environ 20,000 abeilles.

Le second pourra peser de 1 1/2 à 2 kilog., et être d'environ 12,000 mouches, le troisième ne sera que de 6,000 et au plus du poids de 1 kilog. Ainsi cette ruche aura perdu en peu de temps 38,000 abeilles. Il lui en restera un nombre insuffisant pour les soins à donner au couvain ; et pour les approvisionnements journaliers, il faudra prendre dans les magasins la quantité de miel nécessaire pour compléter la consommation de chaque jour, jusqu'à ce que le couvain soit métamorphosé en insectes parfaits et qu'il y ait assez d'abeilles pour suffire à tous les besoins du moment. Si l'on suppose que ce nombre soit de 17,000, ce ne sera que lorsque la famille sera de plus de 17,000 qu'on pourra faire de nouvelles économies, et comme la saison deviendra moins favorable pour recueillir du nectar, il y aura une grande diminution de miel pour l'hiver. En effet, l'expérience a démontré que la consommation de miel et de pollen pouvait être de 1 kilog. par jour lorsqu'il y avait beaucoup de couvain dans la ruche.

Il en résultera un autre inconvénient pour la mère ruche. Les abeilles, trop peu nombreuses pour bien garnir tous les rayons, se réuniront au centre. Les fausses teignes pénétreront facilement dans l'habitation pour pondre sur les rayons des côtés, et bientôt leurs ravages menaceront la famille entière d'une destruction totale ; au lieu que si on y avait conservé 6,000 abeilles de plus, elles auraient suffi pour la défendre contre les ennemis et leur en interdire l'entrée.

En appliquant ce raisonnement aux essaims, il est facile de juger que le premier essaim aura promptement rempli sa ruche de rayons et qu'il aura eu la possibilité de faire une récolte dont on pourra souvent lui enlever une partie sans lui nuire, pendant que le second, moins nombreux et sorti quelques jours plus tard, n'aura juste que les moyens de ramasser de quoi vivre. Le troisième essaim, au contraire, n'aura garni qu'à moitié sa ruche de rayons, et il sera exposé à périr par le défaut de vivres, si on ne vient à son secours.

Il est facile de juger par ces faits appuyés sur l'expérience combien il est avantageux d'obtenir des essaims forts et précoces, et qu'il serait nuisible de laisser sortir plus de deux essaims dans les meilleures positions et plus d'un dans les autres.

Une autre considération peut déterminer les cultivateurs à se contenter d'un seul essaim, même dans les cantons les plus favorables aux abeilles. C'est lorsqu'ils ne trouvent pas à en vendre ou à en placer aux environs, c'est-à-dire à une lieue et demie au moins de leur rucher.

Alors il ne leur faut que la quantité nécessaire d'essaims pour remplacer les pertes. Multiplier, dans ce cas, les essaims dans le rucher,
c'est les exposer à ne pouvoir se procurer à une
lieue à la ronde le nectar et le pollen suffisants,
et à ne pas faire des approvisionnements pour
eux et pour payer les apiculteurs de leurs soins.
D'ailleurs, si l'expérience a prouvé que deux
essaims consomment pendant l'hiver plus sépa-
rément que si on les réunissait, la consommation est encore plus considérable pendant l'été,
et il est facile d'en trouver la raison. En effet,
il y a une reine dans chaque essaim, et, en les
supposant également fécondes, chaque essaim
peut contenir la même quantité de couvain ;
ainsi il faut nourrir le double de vers qu'il y en
aurait eu si les deux essaims n'en eussent formé
qu'un. Or, c'est la nourriture de ces vers qui
fait la grande consommation de miel. Ainsi, en
ne formant qu'un essaim de deux, il en résulte
qu'il y a d'une part une grande économie de
miel, de l'autre beaucoup plus d'abeilles em-
ployées aux approvisionnements d'hiver, et que
le profit augmente à proportion. Telle est la
marche à suivre si on ne s'occupe que de la récolte de miel.

Mais lorsqu'on trouve à vendre à un prix
avantageux son excédant d'essaims, et que le

miel est à bas prix, alors, comme ces essaims ne restent pas sur les lieux pour y consommer, on peut permettre la sortie de plus d'essaims, mais toujours dans des proportions telles que les ruches mères soient encore suffisamment garnies d'abeilles après l'essaimage, et qu'il ne reste dans le rucher que le nombre d'essaims jugé nécessaire, d'après l'expérience, pour la consommation du nectar et de la miellée à une lieue au plus de rayon. Sous ce dernier rapport, je ferai ici une observation d'une grande importance : c'est que, si un canton de trois ou quatre lieues de diamètre était excellent pour les abeilles, il faudrait bien se donner de garde d'établir dans un seul rucher tous les essaims que le canton pourrait nourrir. Dans ce cas, il serait indispensable d'établir plusieurs ruchers, de manière que les abeilles n'eussent qu'une demi-lieue de rayon à parcourir pour s'approvisionner. La prospérité des abeilles dépend de cette disposition. En effet, les mouches à miel n'ayant qu'un court trajet pour parvenir sur les fleurs où elles vont butiner, elles peuvent faire plus de voyages, et elles sont exposées à moins de dangers de la part de leurs ennemis et par les orages qui surviennent et qui ne leur laissent pas toujours, avant d'éclater, le temps de rentrer dans la ruche. D'une autre part, le nectar de plusieurs fleurs s'évapore facilement aux rayons du soleil, et si les abeilles ne s'empressent de le recueillir. il disparaît, et ces insectes, après un ou deux voyages, ne trouvent plus que du pollen.

Essaims naturels.

L'époque de la sortie des essaims n'est pas partout la même dans un pays de l'étendue de la France; elle varie non-seulement suivant la température, mais encore relativement aux végétaux qu'on y cultive; et sous ce dernier rapport, plus l'abondance de nectar et de pollen est grande et continue à l'entrée du printemps, plus les essaims sont précoces.

Les abeilles annoncent elles-mêmes à l'apiculteur attentif le temps de l'essaimage par un bourdonnement qui va toujours en augmentant dans les ruches jusqu'à la sortie du premier essaim. Un autre indice encore plus sûr est l'apparition des mâles ou bourdons. Comme les reines pondent dans les alvéoles royaux à la fin de la ponte des œufs de mâles, qu'il faut 24 jours depuis la ponte d'un œuf de mâle pour que l'insecte subisse ses métamorphoses, et que cette ponte ne dure que 16 à 24 jours au plus, il en résulte que la sortie de quelques mâles indique que la reine a déposé des œufs dans les alvéoles royaux, point essentiel, parce que les essaims ne sortent que lorsqu'il y a plus d'une reine dans la ruche. Comme il ne faut que 16 jours pour les métamorphoses d'une reine, le premier œuf de reine a déjà subi pendant 8 jours ses métamorphoses avant la sortie des mâles.

On s'empresse alors de préparer des ruches neuves, qu'on nettoie bien et qu'on parfume en les frottant avec des branches de plantes aromatiques ou avec les extrémités fleuries de tiges de fèves. Si les ruches ont déjà servi, on les nettoie en dedans, puis on les tient quelque temps au-dessus d'un brasier, ensuite on y met une poignée de paille enflammée dont on porte la flamme sur les parties, et on les frotte ensuite. On peut frotter aussi de miel l'intérieur de la ruche au moment de la sortie de l'essaim.

On dispose en outre un peu de sable fin, un seau plein d'eau, une petite pompe comme celle des jardiniers, et à leur défaut, deux grands balais, une ou deux longues perches garnies d'un crochet dans le haut, une baguette terminée par un vieux morceau de toile ou de serpillière, un plumasseau ou une petite branche à feuilles souples, une autre branche de 50 c. de long, dont on dispose la tête en forme de boule allongée de 15 à 25 c., un couvercle de ruche, un plateau, un ou deux paillassons de jardinier ou des serviettes et un camail.

Tout étant disposé, on fait une garde exacte depuis 9 à 10 h. du matin jusqu'à 3 ou 4 h. du soir. On laisse l'essaim sortir tranquillement et se balancer dans l'air. Ce n'est qu'au moment où l'on s'aperçoit qu'il prend une direction qu'on emploie le sable fin et l'eau qu'on leur lance pour les en détourner, si elle est contraire aux intentions du cultivateur, qui peut également faire du bruit, ce qui les oblige à s'arrêter et à se poser sur un des arbrisseaux, où elles se groupent en formant une boule ou une grappe de raisin. Il est utile, dès qu'on les voit se réunir sur un point qui reçoit les rayons du soleil, de les en garantir s'il est possible avec un paillasson ou une serviette ; on en étend un autre sur la terre auprès de l'essaim et du côté où le soleil ne peut donner.

Lorsque la plupart des abeilles sont réunies, si la branche à laquelle elles sont suspendues est faible, l'apiculteur, après avoir mis ses gants et son camail, prend la ruche préparée, et la tenant d'une main, l'ouverture en haut, il la place sous l'essaim le plus près possible et il donne à la branche une ou plusieurs fortes secousses au besoin et par saccades pour faire tomber l'essaim dans la ruche. Dès qu'il y est, il pose bien doucement la ruche sur le plateau, le paillasson ou la serviette étendu à l'ombre. S'il n'a pu placer un paillasson à l'ombre, il le garantit, ainsi que la ruche, des rayons du soleil. La plupart des abeilles n'étant pas encore attachées à la ruche, y roulent comme du grain lorsqu'on la retourne pour la poser sur le plateau ; et elles se répandent tout autour en sortant par le devant et les côtés de la ruche, parce qu'on a eu l'attention de mettre sur le devant une pierre ou un petit morceau de bois de 3 c. d'élévation. Si la reine est dans la ruche ou qu'elle y entre, on en a bientôt connaissance, puisque quelques abeilles sonnent le rappel, et qu'à ce bruit toutes les autres rentrent peu à peu dans la ruche. Mais si la reine était restée contre la branche, les abeilles qui voltigent autour se réuniraient à elle, et dans ce cas celles de la ruche l'abandonneraient. Pour prévenir cet inconvénient, on prend le couvercle, on y fait tomber les abeilles par une ou deux secousses, on le couvre de suite avec une serviette, on l'apporte au pied de la ruche et on le pose en pente contre le devant de la ruche, après l'avoir découvert. Si les abeilles ne le quittaient pas promptement, on le soulèverait un peu et on lui donnerait un ou deux coups secs par-dessus pour en faire tomber les mouches sur les devants de la ruche.

Quelquefois les abeilles s'obstinent à retourner à la branche. On doit alors la frotter avec de l'éclaire, ou chélidoine, ou de la camomille puante, ou de la persicaire âcre, dont l'odeur les en écarte.

Si l'essaim s'attache à une branche faible, sous laquelle on ne puisse pas placer la ruche, on la coupe sans secousse, on la porte doucement dans la ruche et on l'y fait tomber par une secousse vive et forte. Cette dernière opération est la seule où il faille être vif. Dans toutes les autres, on doit agir doucement et ne faire aucun bruit dès que l'essaim s'est attaché.

Si la branche était trop forte pour être secouée, on passerait une plume ferme entre elle et l'essaim, pour le faire tomber dans la ruche. Mais si l'essaim se place contre une partie de grosse branche ou dans un triangle sur lequel on puisse placer la ruche, on les chasse de ce point avec de la fumée, et en les pressant légèrement avec le plumeau, on les dirige vers la ruche. Mais lorsqu'on ne peut pas placer une ruche au-dessus, ou que les abeilles se mettent dans un trou de mur ou d'arbre, on a recours au moyen suivant :

On prend la grande branche, après avoir trempé son branchage dans de l'eau miellée. On pose cette partie sur les abeilles. On l'y enfonce peu à peu et en la tournant très-lentement. On en rapproche les mouches avec de la fumée, s'il est possible; et quand la plupart des abeilles attirées par le miel s'y sont attachées, on la secoue dans la ruche.

Lorsque les branches sont trop élevées pour ces opérations, et que les gaules à crochet sont assez longues pour y suspendre une ruche au-dessus de l'essaim, on emploie ce moyen; au-trement, on chasse les abeilles de la branche, soit avec de la fumée, soit en la secouant.

Il arrive quelquefois que la reine se pose à terre, et que les abeilles se réunissent autour d'elle; il suffit alors de poser dessus la ruche qu'on recouvre d'un paillasson. Si, au contraire, il n'y avait qu'une poignée d'abeilles qui fût avec la reine, on les couvrirait d'un couvercle, on les y ferait monter. On place le couvercle contre la ruche dont l'essaim est sorti, et on détermine la reine mère à y rentrer. L'essaim s'apercevant bientôt qu'il est privé de sa mère, ne tarde guère à retourner dans la ruche mère, dont il sort un ou deux jours après.

Lorsque la vieille reine est avec l'essaim, ce dernier ne s'éloigne pas beaucoup parce que cette reine est pleine et pesante; mais si c'est une jeune reine qui est à la tête de l'essaim, il peut prendre un vol élevé, et s'écarter quelque-fois à une grande distance. Pour prévenir autant que possible cet inconvénient, on a l'attention

de placer aux environs du rucher, à l'époque
de l'essaimage, quelques ruches préparées et
couvertes de leur surtout, vers lesquelles les
abeilles envoyées à la découverte d'un logement,
dirigent de temps en temps un essaim. Des cultivateurs prennent même le parti d'appliquer
une ruche vide contre une ruche pleine, en les
tenant assez soulevées du côté où elles se tou-
chent pour que les abeilles puissent passer de
la pleine dans la vide, et dans laquelle les abeilles
se rendent quelquefois au moment de l'essaimage.

Mais si, malgré ces mesures, l'essaim se porte
à une grande distance, il faut bien le suivre pour
le ramasser. Des apiculteurs, dans ce cas, rem-
placent la ruche, si elle est pesante, par un sac
de 65 cent. de long, du diamètre au moins de
la ruche. Ils y mettent, à 27 cent. du fond, un
cercle parallèle à ce fond, pour maintenir
l'écartement de ses parties. Ils peuvent le fermer au moyen d'un lacet, et ils s'en servent
comme d'une ruche pour recueillir l'essaim.
S'ils se sont servis de la branche miellée, ils
l'entrent dans le sac, mais au lieu de la secouer,
ils la suspendent en nouant le sac, dont ils laissent sortir 6 ou 8 cent. de la partie inférieure
de la branche. Ils suivent l'essaim en faisant du
bruit, pour indiquer aux voisins qu'ils sont à

la suite d'un essaim d'abeilles qui leur appartient. Si un essaim placé dans une ruche l'abandonne dans l'espace d'une ou deux heures, pour retourner à la ruche mère, c'est un signe qu'il n'a pas de reine, parce qu'elle est restée dans la ruche mère, ou qu'elle s'est posée à terre ou sur une branche, sans que l'essaim s'en soit aperçu. Dans ce cas, dont on a la preuve assez vite, parce qu'on ne sonne pas le rappel à la ruche, il faut la chercher, soit pour la rendre à l'essaim s'il est encore bien fort, soit pour la reporter à la ruche mère, d'où l'essaim repart le lendemain ou le surlendemain, si le temps est beau.

Mais si l'essaim abandonne sa ruche après y avoir séjourné 24 à 36 heures, c'est une preuve qu'elle ne lui plaît pas. Il faut lui en donner une autre, flamber et préparer de nouveau celle qu'il a quittée.

Lorsque l'essaim a été ramassé avant trois heures du soir, on le porte de suite, et sans lui donner la moindre secousse, dans le rucher, à une place éloignée de la ruche mère. On met, par ce prompt transport, les abeilles dans le cas de connaître, dès le même jour, leur place dans le rucher, de ne pas rôder, les deux suivants, autour du lieu où il s'était reposé, et on n'a pas à craindre qu'un autre essaim sorti une heure ou deux après vienne se loger dans la même ruche. L'inconvénient de les laisser sur les lieux après trois heures jusqu'au soir n'est plus si grand; cependant, il vaut mieux les transporter de suite, si on en a le temps.

Je rappelle ce que j'ai déjà dit, qu'il est très-utile que toutes ces ruches soient pesées et numérotées. Il serait même bon de tenir note des ruches dont sont sortis les essaims.

Si le lendemain ou le jour suivant de la sortie d'un essaim, il survenait un temps pluvieux, il faudrait lui donner un demi-kilog. de sirop ou de miel, placé dans l'intérieur de la ruche. On pourrait même en donner à tous les essaims dès leur rentrée dans une ruche, si on en avait une bonne provision. On accélérerait par ce moyen les constructions, et on en retirerait de l'avantage par la suite.

Si deux forts essaims partis à la fois se posaient sur la même branche, on les écarterait assez pour les faire tomber dans le même moment, chacun dans une ruche, et on placerait à terre l'essaim le plus faible, plus près de la branche pour y faire entrer plus d'abeilles de celles qui voltigent autour de la ruche; si on ne pouvait pas secouer la branche trop grosse, on recueillerait, comme on l'a dit plus haut, le plus fort essaim, et on laisserait un intervalle avant de ramasser le second, pour donner le temps aux abeilles qui ont pris leur vol de s'y réunir. On placerait les deux ruches à la même distance de la branche, si les essaims étaient égaux en force.

Mais si les deux essaims se sont mêlés, et qu'ils soient trop forts pour n'en former qu'un, on tâche de les diviser en deux parties, pour les faire tomber ensuite dans deux ruches. Lorsque peu de temps après on entend sonner le rappel dans les deux ruches, c'est un signe qu'il y a une reine dans chaque ruche. Il ne s'agit plus que de rapprocher davantage de l'arbre l'essaim le plus faible.

Quand au contraire les abeilles ne sonnent le rappel qu'à une des ruches, c'est un indice que les deux reines sont dans la même ruche, ou qu'une est retournée à la branche, ce dont on a la preuve s'il se forme de nouveau un groupe contre cette branche. Dans ce dernier cas, il suffit de laisser remplir suffisamment d'abeilles la ruche qui a une reine, et de l'apporter de suite à la place qu'on lui destine. Après, on ramasse dans un couvercle le nouveau groupe formé, on le donne à la ruche restée au pied de l'arbre, et les deux essaims sont bien divisés.

Mais si les deux reines sont dans la même ruche, ce qui est évident si on ne sonne le rappel qu'à une et qu'il ne se forme pas de groupe sur la branche, on étend un linge, on y fait tomber les abeilles des deux ruches ; on met ces ruches à droite et à gauche du linge, on tâche de séparer le tas d'abeilles en deux parties avec une plume et de les diriger vers les deux ruches un peu soulevées du côté du linge. Lorsqu'on a l'œil bien exercé à ce travail, on cherche les reines, et dès qu'on en voit une, on la prend et on la met sous un gobelet ; on continue à faire entrer les abeilles dans les deux ruches, et dès qu'on sonne le rappel à l'une d'elles, on l'emporte et on donne la reine emprisonnée à l'autre essaim. Je dois faire observer qu'on peut manier les reines sans danger, parce qu'elles ne piquent qu'autant qu'on les blesse.

Si on voulait s'éviter ces soins, il faudrait laisser rentrer dans la ruche mère l'essaim qui n'a pas de reine, ou avoir une jeune reine à sa disposition pour le lui donner ; mais à cette époque on en a rarement. On pourrait, à défaut, enlever à une ruche un morceau de rayon qui contient un alvéole de reine recouvert pour le donner à cet essaim.

Quant aux essaims faibles, on conçoit facilement, d'après les considérations ci-dessus, la nécessité d'en réunir deux et au besoin trois pour en former un fort. Cette opération est très-facile si deux faibles essaims sont sortis le même jour et à peu près au même moment. Après avoir ramassé le premier sorti, aussitôt que le second est fixé sur une branche, on y apporte le premier essaim, et on fait tomber dans sa ruche le second; on pose, suivant l'usage, la ruche sur un paillasson à l'ombre, et lorsque toutes les abeilles sont entrées, on la porte à la place qui lui est destinée. La réunion se fait sans combats, parce que dans ce temps le nectar est très-abondant dans la campagne, et qu'il semble que les abeilles prévoient que plus elles sont nombreuses, plus la famille parviendra à faire de grands approvisionnements; mais il faut, le soir, examiner cette ruche pour s'assurer si les abeilles sont réunies en masse ou si elles forment deux groupes. Dans ce dernier cas, les deux essaims sont séparés, chacun formera ses rayons à part; il y aura souvent des combats à l'entrée de la ruche, qui ne prospérera pas jusqu'à la mort d'une des deux reines. Dans cette situation, on étend à terre un paillasson ou une serviette devant la ruche, on pose dessus cette ruche, sur le haut de laquelle on donne un ou deux coups de main pour faire tomber les abeilles; on fait faire un demi-tour à la ruche et on la soulève un peu de côté. Lorsque les abeilles sont remontées, on remet la ruche en place et on lui donne un peu de miel ou de sirop.

S'il s'était écoulé une heure, ou deux, ou plus entre la sortie des deux essaims secondaires, et que le premier sorti eût été mis en place, on apporterait le second essaim auprès du premier et on le poserait à terre. Le soir, on mettrait les abeilles du premier essaim en état de bruissement, on retournerait sa ruche, on poserait dessus celle du second essaim qu'on y ferait tomber du premier coup qu'on donnerait sur le haut de la ruche. Alors, après avoir enlevé la ruche supérieure et fait tomber les abeilles qui y sont restées sur le plateau, on retournerait la ruche qui contiendrait les deux essaims et on la remettrait sur un plateau où il serait utile de leur donner un peu de miel ; le lendemain matin, à la pointe du jour, on vérifierait le devant de la ruche, on y trouverait une des reines qui aurait été tuée et jetée dehors, si les deux essaims s'étaient réunis.

Si un des essaims était dans sa ruche depuis quelques jours, on ferait bien, dans la crainte d'un combat, après avoir mis les abeilles en état de bruissement, de les asperger avec de l'eau miellée avant de jeter l'autre essaim dans la ruche.

Au surplus, si on a fait une garde exacte, on

a dû vérifier de quelles ruches sortent les essaims, et on prévient la nécessité de ces réunions, en faisant rentrer dans les ruches mères les deuxièmes essaims, et à plus forte raison les troisièmes qui en sortent, et qui les affaiblissent trop en abeilles. Il suffit, le soir, de prendre l'essaim, de le faire tomber sur le plateau de la ruche mère et de replacer cette ruche; les abeilles de l'essaim qui la connaissent y montent de suite, et ne courent pas le risque d'être attaquées, ce qui n'a jamais lieu qu'autant qu'on opère la réunion de l'essaim à sa mère ruche plus de trois jours après sa sortie.

Essaims forcés, artificiels ou par séparation.

On peut juger, par tout ce que j'ai dit sur les essaims naturels, qu'ils exigent beaucoup d'attention et de soins, soit pour ne pas les perdre, soit pour n'avoir d'essaims ni trop faibles ni trop forts. Ces essaims présentent encore un inconvénient majeur. J'ai déjà observé que les essaims qui sortaient 15 jours trop tard ne réussissaient pas aussi bien que ceux qui quittent la ruche 15 à 20 jours plus tôt. Cependant un temps couvert et des vents un peu forts, qui soufflent surtout à l'entrée des ruches, peuvent retarder beaucoup la sortie des essaims. Ces temps s'opposent même quelquefois à la sortie d'un seul essaim d'une ruche. En effet, si l'obstacle dure quelques jours, les jeunes reines, qui sont retenues dans les alvéoles par les abeilles, y sont souvent attaquées par la reine mère, qui, par la longue durée d'une saison contraire, a le temps de les y tuer avant de quitter la ruche. Dès lors il n'y a plus lieu à la sortie d'un essaim, puisqu'il n'y a qu'une reine dans la ruche. (Voyez le volume *Histoire naturelle des Abeilles.*)

Pour prévenir tous ces inconvénients, on a imaginé de faire des essaims forcés, d'autres artificiels et d'autres par séparation.

Essaims forcés.

Le moment favorable pour faire des essaims est celui où l'on commence à voir des bourdons ou mâles sortir des ruches et voltiger à l'entour : c'est un indice que la reine a pondu dans des alvéoles royaux, et qu'ainsi on peut sans danger l'enlever de la ruche.

Si on veut obtenir un essaim forcé d'une ruche d'une seule pièce et sans trou dans sa partie supérieure, on commence par mettre les abeilles en état de bruissement ; ensuite on enlève la ruche de dessus le plateau pour la porter à quelque distance et la placer sur le tabouret, en enfonçant sa partie supérieure dans le tabouret, et en recouvrant son ouverture par une ruche vide bien préparée, tandis qu'on en place une seconde sur le plateau pour amuser pendant l'opération les abeilles qui viennent des champs.

On maintient la ruche vide posée sur celle qui est pleine par une ligature assez large pour couvrir les bords des deux ruches, et même pour boucher les entrées si elles sont pratiquées dans les ruches. Après les avoir laissées tranquilles pendant une minute ou deux dans cette position, on bat la ruche pleine avec des baguettes : on commencera par sa partie supérieure, qui est maintenant la plus basse. On continue à frapper en remontant insensiblement, jusqu'à ce qu'un fort bourdonnement se fasse entendre dans la ruche vide; alors on détache le lien et on soulève, mais très-peu, la ruche vide pour s'assurer de quel côté les abeilles montent, sans rompre ou diviser la chaîne qu'elles forment. On lève le côté opposé à la chaîne pour juger de la quantité d'abeilles entrées dans la ruche vide, et quand on trouve l'essaim assez fort, on sépare les deux ruches, on emporte l'essaim à une certaine distance pour le poser sur un plateau préparé à cet effet, et sur lequel on a mis un 1/2 kilog. de miel. On place une porte pour empêcher les abeilles de sortir jusqu'à la nuit, époque à laquelle on la retire.

On enlève la ruche mère et on la remet à sa

place, dont on retire la ruche vide ; les abeilles qui sont revenues des champs et qui sont entrées dans cette dernière, ou qui volaient autour, se précipitent promptement dans leur ancienne ruche. Leur conduite ultérieure, après que la tranquillité est rétablie par la rentrée des abeilles, fait connaître si on a bien opéré dans la formation de l'essaim, c'est-à-dire si la reine est montée avec lui dans la ruche vide. Dans ce cas, il règne le plus grand silence dans la ruche mère ; on remarque des abeilles qui en sortent, mais pour voltiger autour et y rentrer au lieu de se rendre aux champs. Bientôt des ouvrières, qui aperçoivent des œufs ou des vers, ou des nymphes de reine, sonnent le rappel, et tout rentre dans l'ordre ordinaire, ordre qui eût été établi de suite si la reine fût restée dans la ruche ; ce qui eût prouvé que l'essaim était manqué, et qu'il fallait lui rendre la liberté, à moins qu'on n'eût une autre reine à lui donner le soir même, ou au moins un morceau de rayon contenant un ou plusieurs alvéoles royaux.

Si, au lieu de placer la porte à la ruche de l'essaim, on lui laisse la liberté de sortir, on peut aussi s'assurer promptement si la reine est avec lui, car, après un silence de quelques minutes, quelques abeilles viennent à l'entrée pour y sonner le rappel, ou bien le silence continue et les abeilles sortent peu à peu pour retourner à la ruche mère, ce qui prouve qu'elles n'ont pas de reine et que l'opération est conséquemment manquée.

L'essaim forcé, dans une ruche d'une pièce qui a un trou dans sa partie supérieure, se fait plus facilement et plus promptement, parce qu'on peut employer la fumée, qui, en pénétrant dans la ruche mère, contribue à la faire abandonner par les abeilles.

Quant aux ruches villageoises et à hausses, on les met dans leur position naturelle sur le tabouret garni de son treillage, après avoir mis les abeilles en état de bruissement. On enlève le couvercle ou la hausse supérieure, on le remplace par une ruche préparée, et, en frappant la ruche mère avec des baguettes pendant que la fumée s'y élève, on a bientôt forcé les abeilles à monter. Dans ces sortes de ruches, les essaims s'attachent et travaillent promptement si, au moment d'opérer, on a remplacé leur couvercle ou leur hausse supérieure par celui de la mère ruche, lorsqu'il contient du miel : dans ce cas, on n'a pas besoin de leur donner une assiette de miel.

Ces opérations se font de 9 à 10 heures du matin, jusqu'à 2 ou 3 de l'après-midi.

Il est à remarquer que les abeilles qui partent

naturellement pour essaimer se gorgent de miel avant le départ, et en ont pour trois jours, au lieu que celles qu'on chasse de leurs ruches ne sont pas approvisionnées. Il en résulte qu'il faudrait, si la pluie tombait le lendemain de l'essaimage, donner chaque soir une livre de miel ou de sirop, jusqu'au beau temps, à celles qui n'ont pas de vivres, et, après le second jour de pluie, en fournir également aux essaims naturels.

Il est facile de juger qu'en suivant cette marche on économise le temps, on évite la perte de beaucoup d'essaims, on leur donne la force convenable et on les fait dans le moment le plus favorable : elle est donc préférable aux essaims naturels ; le mode suivant de faire des essaims est encore plus prompt.

Essaims artificiels.

Si on se sert de ruches perfectionnées, on peut faire les essaims à toute heure de la journée par le moyen suivant : on défait la veille les crochets ou autres liens qui maintiennent les deux parties de la ruche ensemble. On frappe quelques coups du côté où on veut attirer la reine, et on met les abeilles en état de bruissement. Si on opère au moment où toutes les abeilles sont dans la ruche, il suffit d'en séparer les deux parties, de mettre à terre ou sur un plateau celle où on a attiré la reine, de lui ajouter une moitié vide, et d'en faire autant à celle qu'on a laissée en place. Alors on emporte celle qui est à terre pour la mettre à l'endroit qu'on a fixé à cet effet. On a, par cette opération, deux ruches à peu près égales en mouches, en couvain et en provisions, et à l'une desquelles seulement il manque une reine qu'elle aura bientôt, parce qu'il y a du couvain dans ses alvéoles royaux; ce dont on s'assure facilement, puisque, en ouvrant la ruche par le milieu, on met à découvert les rayons qui les contiennent.

Ceux qui ont des ruches d'une pièce, et qui n'ont pas fait leurs essaims à temps, peuvent s'en procurer de la manière suivante, malgré les circonstances qui s'opposent à l'essaimage : s'ils ont à leur disposition de jeunes reines ou un morceau de rayon qui contienne du couvain de reine ou au moins des œufs et de jeunes vers d'abeilles ouvrières, de trois jours au plus, ils attachent le morceau de rayon au haut de la ruche, dans sa situation naturelle, ou bien, au moment de faire l'essaim, ils mettent dans la ruche renversée une reine dont ils ont emmiellé les ailes. Cela fait, après le coucher du soleil et la rentrée des abeilles, ils placent leur ruche renversée sous le plateau d'une autre ruche dont les abeilles sont forcées de sortir en partie, à' raison de la chaleur, pour former un groupe sous le plateau. En passant une plume entre le plateau et le groupe, ils le détachent et le font tomber dans leur ruche. Après avoir répété cette opération sur plusieurs groupes jusqu'à ce que l'essaim soit bien fort, ils portent leur ruche à sa place désignée, après avoir posé une livre de miel ou de sirop sur le plateau, et ils mettent de suite une porte. Les abeilles, après avoir nettoyé la reine, ramassent le miel et travaillent toute la nuit à former des rayons. On peut les tenir enfermées le lendemain, mais alors on leur donne du miel une seconde fois. J'ai dit qu'il fallait que l'essaim fût bien fort, parce qu'il perd des abeilles qui retournent aux mères ruches.

On peut encore faire ces essaims par l'opération suivante : après avoir préparé sa ruche et y avoir mis un morceau de rayon ou une reine emmiellée, on tire de sa place, à onze heures ou midi, une ruche surchargée d'abeilles; on la remplace de suite par la ruche préparée, et, après avoir mis du miel sur le plateau, on l'emporte à l'autre extrémité du rucher, où on la couvre pendant une heure. Les abeilles qui reviennent des champs entrent dans la ruche nouvelle; elles en sortent pour y rentrer encore, jusqu'à ce que les premières arrivées, apercevant la reine ou du couvain, se décident à rester et viennent sonner le rappel à la porte de la ruche. A ce signal, toutes les abeilles rentrent, nettoient la reine et se mettent à construire des rayons : il est utile de leur donner, le soir, une livre de miel pour accélérer leurs travaux. Après le soleil couché, on met la ruche mère à une place éloignée de son essaim.

Indépendamment des inconvénients résultant des essaims naturels, et qu'on prévient en les faisant soi-même, il en est un autre auquel l'essaimage naturel donne quelquefois lieu. Si un essaim, après sa sortie, n'a pas un lieu fixé pour sa demeure, il s'arrête quelquefois dans le rucher et se détermine à entrer dans une des ruches. Si cette ruche contient un essaim de l'année, il n'oppose aucune résistance à l'autre, et ils se réunissent sans combat; c'est un avantage, si les deux essaims sont faibles; mais, s'ils sont forts tous les deux, les abeilles, se trouvant trop resserrées, se décident à former un essaim qui part un mois ou même trois semaines après, et qui réussit rarement, parce qu'il n'a pas le temps de s'approvisionner; on prévient la sortie de cet essaim en ajoutant un corps de ruche, ou seulement une hausse qu'on place sur le plateau, et sur lequel on pose et on lie la ruche.

Mais si l'essaim sorti veut pénétrer dans une

ruche mère, il est repoussé par les abeilles de cette ruche; s'il s'obstine à y rentrer, il en résulte un combat qui peut non-seulement causer la destruction d'une grande partie des combattants, mais occasionner dans le rucher un mouvement général qui est funeste aux intérêts du propriétaire, parce que les abeilles des ruches voisines se mêlent aux assaillants et que la terre est bientôt couverte de morts.

Il faut donc, aussitôt qu'on s'aperçoit qu'un essaim veut forcer l'entrée d'une ruche qui n'est pas de l'année, y placer une porte tournée pour le passage de 4 ou 5 abeilles seulement à la fois, de manière que l'essaim ne puisse y entrer en masse; on y fait de la fumée pour l'en écarter, pendant qu'on lui présente une ruche bien préparée et un peu emmiellée dans laquelle il se loge, dans l'impossibilité de forcer l'entrée de l'autre ruche.

Moyens d'empêcher la sortie des essaims secondaires.

On a dû juger par tout ce qui a été dit de la nécessité non-seulement d'arrêter la sortie des essaims secondaires dans les positions qui ne sont pas très-favorables aux abeilles, mais encore dans ces dernières, si on a assez de ruches et qu'on ne trouve pas à en vendre.

On emploie plusieurs moyens pour prévenir la sortie des seconds essaims.

Le premier consiste à enlever, quelques jours après le premier essaimage, tous les alvéoles royaux de la ruche. Comme il faut une reine à un essaim pour déterminer les abeilles à partir, il est certain que lorsqu'il n'y aura qu'une reine dans la ruche aucun essaim n'en sortira. Mais il n'est facile de faire cette recherche que dans les ruches perfectionnées. Il est donc utile de mettre dans les autres ruches les abeilles en état de bruissement 4 à 5 jours après l'essaimage ; les abeilles, pendant ce temps, abandonnent la garde des jeunes reines qui ont échappé à la destruction. Elles peuvent sortir de leurs alvéoles et se livrer des combats qui ne se terminent que par la mort d'un des combattants ; et ces combats se renouvellent jusqu'à ce qu'il n'en reste qu'une en état libre dans la ruche. On est certain, le lendemain matin à la pointe du jour, du nombre de combats qui ont eu lieu par celui des reines qu'on trouve mortes au pied de la ruche. Mais comme toutes les jeunes reines ne parviennent que successivement à l'état d'insectes parfaits, il est utile de recommencer l'opération quelques jours après.

Le second moyen consiste à augmenter à la même époque l'espace vide dans les ruches, soit en leur donnant des hausses, et, mieux, en coupant des rayons des côtés et une partie de ceux du centre à leur extrémité inférieure; et quoiqu'il s'y trouve encore du couvain de mâle, cette marche est préférable à celle de l'enlèvement d'une hausse ou d'un couvercle, qui ne peut d'ailleurs être employée pour les ruches d'une pièce.

Quant aux ruches perfectionnées, on n'a pas à craindre la sortie d'un essaim avant quinze à vingt jours, puisqu'on a donné une moitié vide à chaque essaim ou mère ruche, et qu'il faut que les abeilles la remplissent avant de s'occuper d'un second essaim. Mais si on s'aperçoit qu'un essaim doit en sortir, ce que le fort bourdonnement qui a lieu constamment dans la ruche indique d'une manière certaine, on prévient cette sortie en séparant la ruche en deux pour placer entre elles une partie vide. Les abeilles s'empressent de suite de remplir ce vide au centre de la ruche, et l'essaim ne sort pas. On peut d'ailleurs ajouter à cette opération celle d'enlever tous les alvéoles royaux. C'est pour cette augmentation en largeur que j'ai recommandé d'avoir quelques plateaux d'un tiers plus larges que les autres. A la fin de l'été on enlève le côté qui contient la vieille cire.

Les abeilles font donc connaître leur intention d'essaimer par le fort bourdonnement qui a lieu dans leurs ruches. Il diminue beaucoup dans celles qui renoncent à faire sortir de nouveaux essaims et surtout dans celles qui détruisent leurs mâles, indice certain qu'il n'y aura plus d'essaims dans l'année, à moins qu'une nouvelle moisson de fleurs n'y détermine les abeilles.

Soins à donner aux Abeilles pendant l'été.

Dans cette saison il faut peu de soins aux abeilles, à moins qu'on ne les fasse voyager ou qu'une grande abondance de fleurs n'augmente leur activité et n'amène une seconde saison d'essaimage, à laquelle on s'oppose par les moyens indiqués ci-dessus. Ces soins consistent plus particulièrement à faire la chasse à leurs ennemis et à les tenir éloignés du rucher, comme à visiter les ruches pour s'assurer de leur état.

Si on voit peu de mouvement à quelques ruches, c'est que leurs approvisionnements sont au grand complet, ou que la fausse-teigne s'y est multipliée, ou que ces ruches sont trop grandes relativement au nombre des abeilles.

Dans le premier cas, toujours avantageux pour l'apiculteur, on enlève quelques rayons de miel. Dans le second cas, on emploie les moyens prescrits pour la destruction des fausses-teignes. Dans le troisième, on réduit s'il est possible la dimension des ruches. Mais on n'a pas cet in-

convenient à craindre si on a pris les précautions nécessaires pour n'avoir que de forts essaims. Lorsque les abeilles de toutes les ruches
ne font presque aucun mouvement, c'est un indice certain qu'il n'y a plus de fleurs dans les
environs et que la récolte de la miellée n'est pas
abondante, autrement il y aurait un grand mouvement tous les matins dans les ruches. Il faut
alors faire une visite générale pour s'assurer des
approvisionnements de chaque ruche et s'em-
presser d'en fournir à celles qui pourraient en
manquer. On s'aperçoit facilement, non-seulement au poids, mais encore à la vue, s'il y a
beaucoup de miel dans la ruche. Il suffit d'examiner les rayons des côtés. Si leurs alvéoles sont
fermés avec un couvercle plat de cire blanche,
c'est un signe qu'ils contiennent du miel; mais
au cas qu'on ne voie un des alvéoles pleins sans
couvercles ou des alvéoles vides, c'est que ces
alvéoles sont remplis de pollen recouvert d'un
peu de miel et que la provision de miel est très-
faible.

La chaleur est quelquefois assez vive pour
forcer une partie des abeilles de passer la nuit
sous le plateau et d'amollir la cire des rayons.
Il faut alors soulever les ruches avec des cales
de 14 millim. de hauteur, jusqu'à ce que ces
fortes chaleurs soient passées. C'est ce qui a

lieu quelquefois au printemps. Ces fortes chaleurs annoncent dans l'été la production de la miellée.

La miellée ou le miellat est une transsudation par les pores de la surface supérieure des feuilles de la partie de la sève impropre à la nourriture des végétaux. Si le vent est sec et vif et le soleil très-chaud, la miellée s'évapore et se dissipe à mesure qu'elle est formée; mais quand le vent est faible, plus humide que sec, et que la température est douce, la miellée s'accumule sur les feuilles et elle répand une odeur de miel assez forte pour attirer les abeilles, qui peuvent en enlever une grande partie avant que le soleil ait pu la faire évaporer. C'est à cette époque que les abeilles consomment le pollen qu'elles ont mis dans leurs alvéoles et qui a été constamment couvert de miel. Elles le mêlent avec la miellée pour la nourriture de leurs vers. Mais quelque abondante que soit la miellée, les ruches ne donnent point d'essaims parce que les abeilles ne peuvent se procurer de pollen dans les champs. La miellée n'est utile que pour la nourriture des abeilles, qui ne peuvent en former qu'un miel de mauvaise qualité.

Les abeilles tirent parti à cette époque de plusieurs fruits pour augmenter leurs provisions; non qu'elles attaquent un fruit entier, elle ne butinent que sur ceux qui sont fendus ou dont les oiseaux, les limaces et les familles des rats et des guêpes ont mangé une partie, ou qui se sont fendus ou écrasés en tombant; tels sont les prunes, les figues, les abricots, les pêches, les raisins, les poires et les pommes. Quelquefois les prunes sont tellement abondantes qu'elles donnent la diarrhée à ces insectes comme aux enfants. Dans ce cas, dont on s'aperçoit facilement par leurs excréments qu'elles laissent tomber sur le plateau, on les guérit avec un peu de sirop dans lequel on ajoute un peu de vin. On fait bouillir le tout pendant quelques minutes, on le donne tiède aux abeilles et on répand un peu de sel sur le plateau, qu'il faut nettoyer auparavant.

Ce fruit n'est pas la seule cause de la diarrhée. Si, pendant la floraison, à l'époque de la production de la miellée, il survient de grandes pluies, ces substances, formées dans les beaux jours qui peuvent avoir lieu dans l'intervalle des pluies, sont très-chargées d'eau et peuvent nuire aux abeilles. Celles qui sont bien approvisionnées ne daignent pas en recueillir. Je les ai vues traverser, dans une pareille saison, un carré de sarrasin sans s'y arrêter, quoiqu'il fût chargé de fleurs, et n'y venir butiner qu'après quelques jours de sécheresse. Mais les abeilles qui ont très-peu de provisions ne peuvent négliger cette ressource, qui les relâche trop. On emploie le même remède pour leur rendre la santé.

Combats, pillage.

Le défaut de provisions produit quelquefois un autre effet très-dangereux dans un rucher. Si les abeilles n'ont pas leurs magasins remplis en tout ou en partie de miel, lorsqu'il survient un temps contraire à la production du nectar ou de la miellée, la nécessité force les abeilles qui manquent de vivres à attaquer celles qui en sont abondamment fournies. Mais elles ne peuvent entrer dans leurs ruches qu'après un combat opiniâtre qui coûte la vie à des milliers d'assaillants et d'assaillis. Le mouvement auquel l'attaque donne lieu peut se communiquer aux ruches voisines, dont les abeilles oisives prennent malheureusement part à la querelle. Dans ce cas, la ruche attaquée ayant continuellement de nouveaux ennemis à combattre finit par être forcée et pillée. Si le mouvement devient général dans le rucher, on peut perdre plusieurs ruches et en avoir beaucoup d'autres très-affaiblies.

On doit, comme je l'ai déjà dit, prévenir ces attaques en faisant un sacrifice temporaire de miel et de sirop qu'on leur donne à cette époque à la nuit tombante, pour leur donner le temps de le ramasser avant le jour et que le calme soit rétabli avant le lever du soleil; mais si on avait négligé cette précaution, il faut arrêter le mal aussitôt qu'on s'en aperçoit. A cet effet, on donne sur-le-champ de la nourriture aux abeilles qui en manquent, on enfume la ruche assaillie et on y place la porte du côté où on a fait seulement quelques passages pour les abeilles. Les assaillantes retournent à leur ruche où le miel les retient et dans laquelle on les enferme une ou deux heures, et le calme se rétablit. Cette opération est très-facile lorsque l'attaque ne fait que commencer, et on est certain de sauver les deux ruches; mais lorsqu'on s'en est aperçu trop tard, on est exposé à les perdre toutes les deux. Il est facile de s'en assurer par la quantité plus ou moins grande d'abeilles tuées et dont la terre est jonchée.

La mort d'une reine devient un motif de pillage, lorsque les abeilles ne peuvent s'en procurer une autre. Leur instinct les détermine à se comporter de diverses manières suivant les circonstances. Elles prennent d'abord le parti de quitter la ruche. Si elles ont du miel, elles s'en chargent, se présentent à l'entrée de la ruche dans laquelle elles veulent s'unir à l'essaim. Dès que les habitants de cette ruche viennent les empêcher de pénétrer dans la ruche et les combattre, elles ne font aucune résistance; mais elles dégorgent leur miel devant les autres qui s'en emparent, puis elles les attirent dans leur ruche qu'elles pillent en commun, et pendant cette opération les deux essaims se mêlent et se réunissent sans combat.

Si les mâles sont tués ou que la ruche soit aux trois quarts dépouillée, le parti le plus sage est de ne pas s'opposer au pillage et à la réunion des deux essaims, à moins qu'on n'ait un essaim faible qu'on voudrait renforcer par l'essaim sans reine.

Si les mâles de la ruche existent encore et qu'on s'aperçoive de bonne heure du pillage, on ferme l'entrée de la ruche. On prend dans une autre ruche un morceau de rayon qui contient des œufs ou au moins des vers éclos depuis trois jours au plus, car du couvain plus ancien ne vaudrait rien. On peut le placer dans la ruche qui a perdu sa reine, soit en le forçant un peu dans un rayon dont on a coupé un morceau de même dimension, soit en faisant usage d'une planchette de 8 à 12 cent. de longueur et de largeur dans laquelle on fait deux trous pour y faire entrer deux morceaux de baguette de 8 à 12 cent. et qu'on fend ensuite. On place le morceau de rayon bien verticalement dans ces fentes, puis on met la planchette sur le plateau et directement sous un rayon dont on a coupé un morceau. Une heure après l'avoir placée, on retire la porte. La vue du couvain et l'espoir de faire une nouvelle reine retiennent les abeilles dans la ruche.

Si les abeilles qui sont sans reine n'ont pas de miel, elles abandonnent leurs ruches et elles cherchent à pénétrer dans les ruches voisines où elles sont tuées, à moins qu'elles ne se joignent à un essaim logé seulement depuis deux ou trois jours.

Voyage des Abeilles pendant l'été.

Il y a des cantons où les abeilles, après avoir été dans l'abondance dans les premiers mois, ne trouvent plus rien à butiner, pendant que quelques lieues plus loin elles pourraient encore faire une ample récolte. On prend alors le parti de les y transporter.

Si le voyage a lieu en bateau, il y a peu de précautions à prendre, le mouvement des bateaux étant très-doux. Une serpillière ou les portes suffisent pour le transport des ruches dans les bateaux, et pendant le voyage on se contente de mettre pendant le jour les portes du côté des petits trous, lorsqu'on passe devant des terres qui peuvent fournir un peu de nour-

riture aux abeilles, si on ne veut pas s'y arrêter. Les portes sont inutiles si les lieux qu'on
traverse n'attirent pas les abeilles. On a l'attention de placer les ruches dans le bateau et
sur le terrain dans le même ordre que dans
le rucher.

Mais si on se sert de voitures pour le voyage,
il faut redoubler de précautions pour que les
abeilles ne manquent pas d'air. On mouille la
paille étendue dans le fond de la voiture, et on
recouvre cette voiture d'une toile pour garantir
les ruches des rayons du soleil, afin de s'opposer à une trop forte chaleur dans les ruches.

Transvasement.

Dans les mois de juillet et d'août, suivant que
la température a été plus ou moins favorable à
la production du nectar et à sa récolte, les apiculteurs qui ont placé une ruche vide sous une
ruche pleine pour y faire descendre et travailler
les abeilles doivent s'occuper du transvasement.
Ils s'assurent préalablement que ces insectes ont
travaillé dans la ruche inférieure et qu'elle est
bien garnie de rayons. Quand ils en ont la cer-
titude, ils donnent quelques coups dans le bas
de cette ruche pour y attirer la reine, et ils
mettent les abeilles en état de bruissement. Ils
séparent ensuite les deux ruches, ils enlèvent

celle de dessus, et ils couvrent d'une calotte vide la ruche inférieure qui reste sur le plateau.

On emporte dans son atelier la ruche supérieure et on la retourne. Si elle ne contient que très-peu d'abeilles, il suffit de la frapper avec des baguettes pour déterminer ces insectes à l'abandonner; mais s'il y en a beaucoup, on recouvre la ruche avec une calotte vide, et on agit comme pour chasser un essaim, c'est-à-dire qu'on emploie les coups de baguette, et au besoin la fumée. Lorsque les abeilles sont montées dans la calotte, on retire celle vide qui couvre la ruche restée en place, pour la remplacer par celle qui contient les abeilles.

L'opération est alors terminée, si cette ruche est forte en abeilles et la saison encore favorable pour s'approvisionner. Dans le cas contraire, le soir, après le coucher du soleil, époque où les abeilles qui étaient dans la calotte vide ont descendu dans la ruche, on la retire pour donner aux abeilles une calotte pleine de miel.

A l'article suivant, je ferai mention du transvasement des abeilles logées dans des ruches d'osier et de paille d'une seule pièce.

Récolte du miel et de la cire.

Cette opération, qui est le motif principal des soins que l'on donne aux abeilles, doit se faire avec beaucoup de circonspection. Il ne faut prendre aux abeilles que leur excédant, si on ne veut pas s'exposer à ruiner son rucher. Pour diriger les apiculteurs dans cette opération importante, je vais établir quelques principes qui doivent leur servir de guide dans la quantité de la récolte, et l'époque la plus avantageuse pour la faire.

Le premier devoir de l'apiculteur est de s'occuper de la conservation et de la multiplication de ses abeilles en temps utile et autant toutefois que le canton peut en nourrir dans l'abondance. A cet effet, il ne doit leur enlever de miel et de cire qu'autant qu'elles ont un excédant d'approvisionnement, à moins que la saison ne leur soit favorable pour remplacer la perte de leurs provisions. Il doit choisir autant que possible cette dernière époque pour faire sa récolte, en établissant pour règle qu'il vaut mieux leur en prendre moins que plus, pour ne pas les exposer au danger de manquer de subsistances si la saison devenait contraire. On ne doit s'écarter de ce principe qu'autant qu'il y a du bénéfice à s'emparer d'une plus grande quantité de miel, à raison de sa qualité supérieure, pour le remplacer par du miel commun ou du sirop.

Il ne faut jamais détruire les abeilles pour prendre leur miel qu'autant que leur nombre est trop considérable relativement aux moyens de subsistance du canton, qu'on ne trouve pas à vendre d'essaims, et qu'on a perfectionné sa culture de manière à leur fournir autant de nectar et de miellée que le terrain peut le permettre; car, lorsque le nombre des abeilles suffit pour faire la cueillette du nectar, du pollen et de la miellée des lieux qu'elles peuvent parcourir, vouloir encore multiplier ses ruches, c'est s'exposer à en perdre la plus grande partie ainsi que le fruit de ses peines et de ses sacrifices. Cent ruches dont les abeilles trouvent juste ce qu'il leur faut pour vivre dans l'abondance et fournir une bonne récolte à leur propriétaire ne peuvent être doublées sans tarir la source des bénéfices et sans exposer le rucher à sa destruction.

Les temps favorables aux travaux des abeilles, tels que la cueillette du nectar, du pollen, etc., ainsi que l'essaimage, varient suivant le climat, les végétaux indigènes à chaque canton, et ceux exotiques que l'on y cultive, parce que ces végétaux y fleurissent en diverses saisons. L'apiculteur ne peut donc faire la récolte de miel et de cire à la même époque dans tous les lieux. Il doit choisir l'instant favorable aux abeilles pour remplacer ce qu'on leur a pris.

La différence des climats et celle des plantes

augmentent ou diminuent beaucoup les moyens d'approvisionnement des abeilles. La récolte de l'apiculteur doit donc être subordonnée à ces circonstances, parce que l'abondance du nectar, du pollen et de la miellée ne suffit pas; il faut encore un temps favorable pour leur donner la qualité propre à faire du miel et pour les recueillir. Le nectar n'est pas également propre dans tous les cantons, dans le même lieu, ni dans toutes les saisons, pour faire du bon miel. L'intérêt de l'apiculteur est de choisir, pour faire sa récolte, l'époque à laquelle le nectar est de meilleure qualité. Si le miel est mauvais toute l'année, que la cire blanchisse bien et qu'elle ait de la valeur, il doit forcer les abeilles à en faire davantage et réduire sa récolte en miel pour l'augmenter en cire.

Il y a toujours réduction dans la récolte lorsqu'on laisse sortir plus d'un essaim de la ruche mère; et la sortie de plusieurs essaims lui est souvent funeste dans la plupart des départements de la France, parce qu'ils l'affaiblissent trop en habitants, et qu'ils la mettent dans l'impossibilité de se défendre de ses ennemis et surtout des fausses teignes. D'une autre part, les essaims secondaires ne peuvent, à moins de circonstances favorables, faire un approvisionnement considérable de miel, et il est nécessaire de leur donner à l'automne du miel ou du sirop pour compléter leurs provisions d'hiver, dépense qu'il faut éviter autant que possible, parce qu'elle absorbe une partie des bénéfices. Il est donc utile de récolter son miel de manière à s'opposer autant que possible à la sortie de plus d'un essaim.

Le miel composé avec du nectar est très-supérieur à celui que les abeilles font avec de la miellée ; il faut donc faire sa récolte avant que les feuilles commencent à se couvrir de miellée.

L'époque la plus favorable à la récolte du miel est celle où les abeilles peuvent remplacer le plus facilement la partie de leurs provisions dont on les a dépouillées.

Or, il est constant par l'expérience que les premiers essaims peuvent construire leurs rayons et ramasser suffisamment de miel pour l'hiver, et jusqu'au retour de la belle saison, à moins de circonstances très-contraires. Il en résulte que les ruches mères encore bien peuplées pourront réparer le larcin de l'apiculteur, si ce dernier recueille quelques jours après la sortie du premier essaim ; et qu'en choisissant ce moment il n'aura que du miel formé de nectar, et il s'opposera à la sortie des essaims secondaires par le dépouillement de la ruche mère et le vide qu'il y fera. C'est donc dans les sept jours qui suivent la sortie naturelle du premier essaim que la récolte de miel doit se faire, et quinze à vingt jours plus tard si les essaims sont forcés.

Dans la marche ordinaire de soigner les abeilles, on pourrait souvent n'avoir qu'une médiocre récolte; mais en suivant la méthode indiquée ci-dessus, elle sera considérable, parce que les ruches en bon état à l'entrée du printemps ne seront pas arrêtées par le défaut de vivres dans l'augmentation de population dont ce qui ne sera pas nécessaire pour les besoins et les soins journaliers de la famille travaillera à remplir les magasins.

La récolte est très-facile à faire dans les ruches villageoises et à hausses. La veille, on tire les crochets ou liens qui attachent la hausse supérieure ou la capote. Le lendemain, on attire la reine dans le bas par quelques petits coups; on met les abeilles en état de bruissement, et avec une lame de couteau ou un ciseau de menuisier ou même de serrurier, on détache la calotte ou la hausse supérieure que les abeilles ont soudée avec de la propolis.

Si les rayons ne sont pas attachés sur le plancher, on enlève la calotte, qu'on remplace de suite par une vide; on la hausse en couvrant la ruche à hausse d'une planchette, et en mettant par-dessous une hausse vide. Dans le cas contraire, on détache les rayons, soit avec un fil

de fer qu'on fait passer doucement entre la ruche
et la calotte ou la hausse, soit avec une feuille
de fer-blanc de longueur et de largeur suffisantes
pour fermer le haut de la ruche et empêcher
les abeilles de sortir. Ce dernier moyen est préférable par cette raison. Lorsqu'on opère tranquillement sans faire de bruit ni sans donner
de saccades aux ruches, les abeilles ne se mettent
pas en mouvement, et il n'en périt pas une
douzaine dans l'opération. Aussitôt que la hausse
ou la calotte est détachée, on la couvre d'une
serviette pour empêcher les abeilles d'y rentrer,
et après avoir fixé la hausse ou la calotte vide,
et remis le surtout, on apporte la pleine dans
le laboratoire, et on en fait sortir les abeilles.
Pour cette dernière opération il suffit, après
avoir rendu le laboratoire obscur et n'avoir laissé
qu'un petit jour pour la sortie des abeilles, de
donner quelques coups à la hausse ou à la calotte, parce qu'il n'y a ordinairement qu'un petit
nombre d'abeilles au moment de l'opération
dans les parties enlevées.

Si les ruches étaient très-fortes et bien approvisionnées en miel, on pourrait prendre deux
hausses, en vérifiant toutefois qu'il n'y a pas
de couvain dans la seconde; il faudrait aussi
détacher un ou deux rayons de chaque côté dans
le corps de la ruche villageoise. Pour le faire

facilement et promptement, il faut un instrument dont la lame mince, de un cent. de large seulement, coupe des deux côtés et forme un angle droit avec la tige, les deux tranchants étant horizontaux. On a un vase dans lequel on dépose de suite les rayons après en avoir chassé les mouches avec une plume : on tient le vase toujours couvert pour empêcher les abeilles d'y entrer. Mais comme les abeilles sont nombreuses sur ces rayons, il faut faire pénétrer de la fumée, au moyen d'un soufflet, du côté qu'on veut tailler, afin de les forcer à se retirer de l'autre.

Les ruches d'une seule pièce sont plus difficiles à tailler, mais avec des soins et de l'habitude, on y parvient également. On frappe du côté opposé à celui où l'on veut commencer l'opération de la taille, et après avoir mis les abeilles en état de bruissement, on retourne la ruche et on commence par enlever le premier rayon de côté, puis le second : ensuite on vérifie autant qu'on le peut le troisième rayon. Si **on** y aperçoit les alvéoles fermés d'une couverture de cire blanchâtre et plate, ils ne contiennent que du miel et on peut les enlever; mais si les alvéoles ont une couverture bombée et de couleur de cire terne, ils contiennent du couvain, et il ne faut pas couper ces rayons. L'opération faite d'un côté, on chasse les abeilles de l'autre côté avec de la fumée, pour le tailler de la même manière : ainsi la taille des ruches d'une pièce se fait comme celle des corps de ruches villageoises, avec cette seule différence que, dans les premières, on enlève deux ou quatre rayons de plus.

Dans les départements où l'on construit les ruches avec de l'osier, de la bourdaine et même de la paille, et où on leur donne plus de hauteur en les terminant presque en pointe, la plus grande partie du miel se trouve placée dans la partie supérieure de la ruche. Comme ces ruches sont fabriquées par les apiculteurs, ou qu'elles se vendent à bas prix, on les sacrifie chaque année ou tous les deux ans, pour faire sa récolte et en même temps pour transvaser les abeilles. A cet effet, on coupe la ruche sur la hauteur, au point où l'on présume qu'il n'y a plus de couvain. On enlève la partie supérieure, dont on chasse les abeilles par les moyens déjà indiqués, et on couvre la partie inférieure d'une ruche entière qui recouvre de quelques pouces cette partie, qu'on ne retire que lorsque les abeilles ont bien garni de rayons la nouvelle ruche.

La récolte n'est pas difficile dans les ruches perfectionnées ; mais il faut la faire quinze jours plus tard que dans les autres ruches, parce qu'en faisant l'essaim, on a enlevé la moitié des rayons et du miel. Cet enlèvement ne permet pas non plus d'y faire une récolte aussi considérable; mais on en est bien dédommagé par ce qu'on recueille dans la ruche de l'essaim comme dans la ruche mère.

On y met les abeilles en état de bruissement, après avoir attiré la reine du côté où sont les nouveaux rayons; on détache la planche qui ferme le côté opposé, et avec une lame mince de couteau, on détache facilement le rayon mis à découvert, pour le déposer dans un vase couvert lorsqu'on en a chassé les abeilles : on continue jusqu'à ce qu'on parvienne au couvain. S'il y a beaucoup de miel dans la ruche, on prend des rayons de l'autre côté; mais alors avant de remettre les planches des côtés, on sépare la ruche en deux, pour placer à droite la partie qui était à gauche. Par ce moyen, le vide fait sur les côtés par l'enlèvement des rayons se trouve au centre, et on renouvelle par cette marche tous les rayons de la ruche dans un ou deux ans.

FIN.

LOIS SUR LES ABEILLES.

Un *Code rural* est désiré depuis longtemps : en attendant que les législateurs s'occupent de ce travail, je vais rapporter les articles de la loi de 1791 et celui du *Code civil*, loi du 28 septembre 1791 :

« Le propriétaire d'un essaim a droit de le réclamer et de s'en saisir tant qu'il n'a pas cessé de le suivre ; autrement l'essaim appartient au propriétaire du terrain sur lequel il est fixé.

» Les ruches d'abeilles ne peuvent être saisies ni vendues pour contributions publiques ni pour aucunes causes de dettes, si ce n'est par celui qui les a vendues ou celui qui les a concédées à titre de cheptel ou autrement.

» Pour aucunes causes, il n'est permis de troubler les abeilles dans leurs courses et travaux ; en conséquence, même en cas de saisie légitime, les ruches ne peuvent être déplacées que dans les mois de décembre, janvier et février.

Art. 54 du *Code civil.* « Sont immeubles par destination, quand elles ont été placées par les propriétaires pour le service et l'exploitation du fonds..... les ruches à miel. »

TABLE DES MATIÈRES.

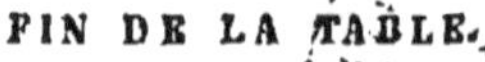

FIN DE LA TABLE.

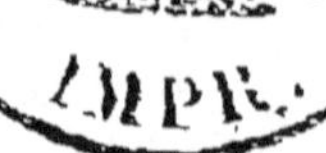